教育部高等学校生物医学工程类专业教学指导委员会规划教材
生物医学工程实践教学联盟规划教材

现代医学电子仪器原理与设计实验

余学飞 陈昕 主编

董磊 张宁 副主编

李洪波 许庆

电子工业出版社
Publishing House of Electronics Industry
北京·BEIJING

内 容 简 介

现代医学电子仪器原理与设计是生物医学工程、医疗器械工程、康复工程等专业的核心课程，学生既要掌握医学电子仪器原理，还要能将原理与实际应用相结合。本书通过设计体温、心电、呼吸、血氧、血压等参数测量系统，帮助读者构建关于现代医学电子仪器原理与设计较完整的知识体系。本书基于LY-E501医学电子学开发套件，以体温、心电、呼吸、血氧、血压测量电路设计为主线，按照原理电路分析、仿真验证和实际电路测量的顺序递进式地讲解。本书还详细介绍了电路设计中使用的基本元器件、基本功能电路、基本仪器仪表，以及Multisim等软件的安装与使用。本书中涉及的所有电路均通过实测验证。

本书内容翔实、图文并茂、思路清晰，有助于读者快速掌握现代医学电子仪器设计的各项必备技能。

本书既可作为高等院校相关专业的教材，也可供从事医学电子仪器设计与开发的工程技术人员参考。

未经许可，不得以任何方式复制或抄袭本书之部分或全部内容。
版权所有，侵权必究。

图书在版编目（CIP）数据

现代医学电子仪器原理与设计实验 / 余学飞，陈昕主编. —北京：电子工业出版社，2020.9（2024.8 重印）
ISBN 978-7-121-36378-8

Ⅰ．①现… Ⅱ．①余… ②陈… Ⅲ．①医疗器械—电子仪器—高等学校—教材 Ⅳ．①TH772

中国版本图书馆 CIP 数据核字（2019）第 076193 号

策划编辑：张小乐
责任编辑：徐　萍
印　　刷：北京虎彩文化传播有限公司
装　　订：北京虎彩文化传播有限公司
出版发行：电子工业出版社
　　　　　北京市海淀区万寿路 173 信箱　　邮编：100036
开　　本：787×1 092　1/16　印张：10.25　字数：272千字　插页：3
版　　次：2020 年 9 月第 1 版
印　　次：2024 年 8 月第 7 次印刷
定　　价：39.00 元

凡所购买电子工业出版社图书有缺损问题，请向购买书店调换。若书店售缺，请与本社发行部联系，联系及邮购电话：（010）88254888，88258888。

质量投诉请发邮件至 zlts@phei.com.cn，盗版侵权举报请发邮件至 dbqq@phei.com.cn。
本书咨询联系方式：（010）88254462，zhxl@phei.com.cn。

前　言

本书是南方医科大学生物医学工程学院主持编写的《现代医学电子仪器原理与设计》(第 4 版)配套的实验教程。现代医学电子仪器原理与设计是生物医学工程、医疗器械工程、康复工程等专业的核心课程，培养目标要求学生既要掌握医学电子仪器原理，又要能将这些原理与实际应用相结合，提高动手能力和解决实际问题的能力。本书通过常见的体温、心电、呼吸、血氧、血压等参数测量系统的设计实验，详细介绍仪器原理电路的分析、电路参数的计算，以及电路仿真、实际电路的测试分析等，以帮助读者建立对常见医学电子仪器原理及设计、制作与调试的较为系统的认知。

全书共 9 章：第 1 章主要介绍医学电子仪器电路设计中基本元器件的选择原则，包括电阻、电容、电感、二极管、晶体三极管、MOS 晶体管和运算放大器的选型参数和用途；第 2 章主要介绍医学电子仪器设计中的基本电路，包括电源电路、运算放大器电路、滤波电路、右腿驱动电路、检波电路等；第 3 章主要介绍仪器电路测量调试中常用的基本仪器仪表的使用，包括万用表和示波器；第 4 章主要介绍 Multisim 仿真软件和 LY-E501 医学信号采集软件的安装和使用；第 5~9 章分别介绍体温、心电、呼吸、血氧、血压的测量系统设计，包括测量原理、电路设计、电路仿真和实测分析。

本书的学习可以分为三个阶段。第一阶段：通过五大参数测量系统的设计，对测量系统原理电路分析、仿真验证和电路实测过程有一个比较深刻的认识，使学生掌握医学电子仪器设计的基本流程。第二阶段：通过完成各章中的系列实验，对电路原理设计和电路性能参数设计有一个比较深刻的认识，使学生掌握医学电子仪器电路系统设计的基本方法。第三阶段：通过自行设计带有单片机的五大参数测量系统和调整关键参数，提升测量精度和系统性能，使学生具备智能医学电子仪器系统设计及调试的基本技能。第一阶段和第二阶段属于必做环节，第三阶段属于选做环节。

本书具有以下特点。

1. "本章任务"由若干实验组成，让读者通过实验巩固本章的知识点；"本章习题"围绕对应章节的知识点，用于检验读者是否掌握书中的知识点。

2. 以体温、心电、呼吸、血氧、血压测量电路的设计为目标，按照理论分析、仿真验证和电路实测的顺序进行递进式介绍，读者可以通过具体实验将理论和实践紧密结合起来。

3. 重点介绍体温、心电、呼吸、血氧、血压测量电路涉及的知识点，未涉及的基本不予讲解，读者可以快速掌握常见医学电子仪器基本电路的知识点。

4. 配有完整的资料，包括体温、心电、呼吸、血氧、血压测量电路的原理图、仿真文件、配套软件及其驱动文件，还包括配套的 PPT 讲义、视频等，这些资料会持续更新，下载链接通过微信公众号"卓越工程师培养系列"获取。

余学飞和陈昕对本书的编写思路和大纲进行了总体策划，指导全书的编写，对全书进行统稿，并参与了部分章节的编写；董磊、张宁、李洪波协助完成统稿工作，并参与了部分章节的编写；许庆、彭芷晴、覃进宇、郭文波参与了本书部分内容的编写和实验项目的验证。本书得到了南方医科大学生物医学工程学院、深圳大学生物医学工程学院和广东药科大学医药信息工程学院的大力支持；本书涉及的实验基于深圳市乐育科技有限公司的LY-E501型医学电子学开发平台，该公司提供了充分的技术支持；本书的出版还得到了电子工业出版社的鼎力支持，张小乐编辑为本书的顺利出版做了大量的工作，在此一并致以衷心的感谢！

  由于编者水平有限，书中难免有不成熟和错误的地方，恳请读者批评指正。读者反馈发现的问题或索取相关资料，可发信至邮箱xuefeiyu@smu.edu.cn，也可直接致信南方医科大学生物医学工程学院余学飞（广州，510505）；如遇实验平台技术问题，可发信至深圳市乐育科技有限公司官方邮箱ExcEngineer@163.com。

编 者

2020 年 6 月

目　录

第1章　基本元器件 ………………………… 1
　1.1　电阻 ……………………………………… 1
　　1.1.1　电阻选型参数 ……………………… 1
　　1.1.2　电阻的用途 ………………………… 2
　1.2　电容 ……………………………………… 4
　　1.2.1　电容选型参数 ……………………… 4
　　1.2.2　电容的用途 ………………………… 4
　1.3　电感 ……………………………………… 6
　　1.3.1　电感选型参数 ……………………… 6
　　1.3.2　电感的用途 ………………………… 6
　1.4　二极管 …………………………………… 7
　　1.4.1　二极管选型参数 …………………… 7
　　1.4.2　二极管的用途 ……………………… 8
　1.5　晶体三极管 ……………………………… 10
　　1.5.1　晶体三极管选型参数 ……………… 10
　　1.5.2　晶体三极管的用途 ………………… 11
　1.6　MOS 晶体管 …………………………… 12
　　1.6.1　MOS 晶体管选型参数 …………… 12
　　1.6.2　MOS 晶体管的用途 ……………… 13
　1.7　运算放大器 ……………………………… 13
　　1.7.1　运算放大器选型参数 ……………… 13
　　1.7.2　运算放大器的用途 ………………… 14
　本章任务 ……………………………………… 14
　本章习题 ……………………………………… 14

第2章　基本电路 …………………………… 15
　2.1　电源电路 ………………………………… 15
　　2.1.1　7.5V 转 5V 电路 …………………… 15
　　2.1.2　5V 转 3.3V 电路 …………………… 15
　　2.1.3　VIN 转 7.5V 电路 ………………… 16
　　2.1.4　5V 转-5V 电路 …………………… 16
　　2.1.5　5V 转 2.5V 电路 …………………… 17
　2.2　运算放大器电路 ………………………… 18
　　2.2.1　反相比例运算电路 ………………… 18
　　2.2.2　同相比例运算电路 ………………… 19
　　2.2.3　差分比例运算电路 ………………… 20
　　2.2.4　运放跟随器电路 …………………… 22

　　2.2.5　施密特触发器电路 ………………… 22
　　2.2.6　仪器仪表放大电路 ………………… 23
　　2.2.7　基准电压电路 ……………………… 24
　2.3　滤波电路 ………………………………… 24
　　2.3.1　无源高通滤波电路 ………………… 24
　　2.3.2　无源低通滤波电路 ………………… 24
　　2.3.3　有源一阶低通滤波电路 …………… 25
　2.4　右腿驱动电路 …………………………… 25
　2.5　检波电路 ………………………………… 26
　本章任务 ……………………………………… 26
　本章习题 ……………………………………… 26

第3章　基本仪器仪表 ……………………… 27
　3.1　万用表 …………………………………… 27
　　3.1.1　直流电压测量 ……………………… 27
　　3.1.2　通断测试 …………………………… 27
　3.2　示波器 …………………………………… 28
　本章任务 ……………………………………… 31
　本章习题 ……………………………………… 31

第4章　软件安装与使用 …………………… 32
　4.1　Multisim 14.0 的安装 …………………… 32
　　4.1.1　Multisim 14.0 安装过程 …………… 32
　　4.1.2　Multisim 14.0 配置 ………………… 33
　4.2　Microsoft .NET Framework 4.5.2 的
　　　　安装 ……………………………………… 33
　4.3　蓝牙驱动程序的安装 …………………… 34
　4.4　LY-E501 医学信号采集软件操作 …… 35
　本章任务 ……………………………………… 39
　本章习题 ……………………………………… 39

第5章　体温测量电路设计实验 …………… 40
　5.1　实验内容 ………………………………… 40
　5.2　体温测量原理 …………………………… 40
　　5.2.1　热敏电阻 …………………………… 41
　　5.2.2　体温探头 …………………………… 41
　　5.2.3　温度特性曲线 ……………………… 41
　5.3　体温测量电路设计 ……………………… 41
　　5.3.1　体温测量电路设计思路 …………… 41

· V ·

5.3.2　电源电路 …………………… 42
　　5.3.3　体温通道选择电路 ………… 42
　　5.3.4　运放跟随器电路 …………… 44
　　5.3.5　体温信号处理电路 ………… 44
　　5.3.6　探头连接检测电路 ………… 46
5.4　体温测量电路仿真 ……………………… 47
　　5.4.1　NMOS 晶体管控制电路仿真 …… 47
　　5.4.2　钳位二极管电路仿真 ……… 48
　　5.4.3　同相比例运算电路仿真 …… 49
　　5.4.4　施密特触发器电路仿真 …… 49
5.5　体温测量实测分析 ……………………… 50
　　5.5.1　电源电路实测分析 ………… 50
　　5.5.2　探头接入检测 ……………… 50
　　5.5.3　体温系数计算 ……………… 51
　　5.5.4　体温信号处理电路实测分析 … 51
5.6　LY-E501 医学信号采集软件
　　　（体温模块）……………………… 52
本章任务 ……………………………………… 56
本章习题 ……………………………………… 56

第6章　心电测量电路设计实验 …………… 57
6.1　实验内容 …………………………… 57
6.2　心电测量原理 ……………………… 57
　　6.2.1　心电信号特点 ……………… 57
　　6.2.2　心电放大器要求 …………… 58
　　6.2.3　心电图 ……………………… 59
　　6.2.4　心电图导联 ………………… 60
6.3　心电测量电路设计 ………………… 61
　　6.3.1　心电测量电路设计思路 …… 61
　　6.3.2　电源电路 …………………… 62
　　6.3.3　无源低通滤波电路 ………… 62
　　6.3.4　运放跟随器电路 …………… 62
　　6.3.5　仪器仪表放大电路 ………… 62
　　6.3.6　信号放大滤波电路 ………… 63
　　6.3.7　右腿驱动电路 ……………… 65
　　6.3.8　导联脱落检测电路 ………… 66
6.4　心电测量电路仿真 ………………… 66
　　6.4.1　无源低通滤波电路仿真 …… 66
　　6.4.2　运放跟随器电路仿真 ……… 67
　　6.4.3　仪器仪表放大电路仿真 …… 68
　　6.4.4　信号放大滤波电路仿真 …… 71
　　6.4.5　导联脱落检测电路仿真 …… 74

6.5　心电测量实测分析 ………………… 75
　　6.5.1　电源电路实测分析 ………… 75
　　6.5.2　无源低通滤波电路实测分析 … 75
　　6.5.3　运放跟随器电路实测分析 … 76
　　6.5.4　仪器仪表放大电路实测分析 … 76
　　6.5.5　信号放大滤波电路实测分析 … 76
　　6.5.6　导联脱落检测电路实测分析 … 77
6.6　LY-E501 医学信号采集软件
　　　（心电模块）……………………… 77
本章任务 ……………………………………… 80
本章习题 ……………………………………… 81

第7章　呼吸参数测量电路设计实验 ……… 82
7.1　实验内容 …………………………… 82
7.2　呼吸参数测量原理 ………………… 82
　　7.2.1　阻抗式呼吸测量 …………… 82
　　7.2.2　影响呼吸测量的因素 ……… 83
7.3　呼吸测量电路设计 ………………… 83
　　7.3.1　呼吸测量电路设计思路 …… 83
　　7.3.2　电源电路 …………………… 84
　　7.3.3　载波电路 …………………… 84
　　7.3.4　带通滤波电路 ……………… 86
　　7.3.5　仪器仪表放大电路 ………… 86
　　7.3.6　检波解调电路 ……………… 87
　　7.3.7　基线调节电路 ……………… 87
　　7.3.8　无源低通滤波电路 ………… 88
　　7.3.9　同相比例运算电路 ………… 88
　　7.3.10　钳位二极管电路 …………… 89
　　7.3.11　直流分量 OFFSET 电路 …… 89
7.4　呼吸测量电路仿真 ………………… 90
　　7.4.1　载波电路仿真 ……………… 90
　　7.4.2　带通滤波电路仿真 ………… 92
　　7.4.3　仪器仪表放大电路仿真 …… 93
　　7.4.4　检波解调电路仿真 ………… 94
　　7.4.5　基线调节电路仿真 ………… 94
　　7.4.6　无源低通滤波电路仿真 …… 95
　　7.4.7　同相比例运算电路仿真 …… 95
　　7.4.8　钳位二极管电路仿真 ……… 96
　　7.4.9　直流分量 OFFSET 电路仿真 … 96
7.5　呼吸测量实测分析 ………………… 97
　　7.5.1　电源电路实测分析 ………… 97
　　7.5.2　载波信号实测分析 ………… 98

7.5.3 压控电压源二阶低通滤波器
实测分析 …………………… 98
7.5.4 反相比例运算电路实测分析 …… 98
7.6 LY-E501 医学信号采集软件
（呼吸模块） ………………………… 98
本章任务 ……………………………… 101
本章习题 ……………………………… 101

第8章 血氧饱和度测量电路设计实验 …… 102
8.1 实验内容 …………………………… 102
8.2 血氧饱和度测量原理 ……………… 102
 8.2.1 脉搏信号 ………………………… 103
 8.2.2 朗伯-比尔定律 ………………… 103
 8.2.3 脉搏血氧测量方法 …………… 107
8.3 血氧饱和度测量电路设计 ………… 107
 8.3.1 血氧饱和度测量电路设计思路 … 107
 8.3.2 电源电路 ……………………… 108
 8.3.3 压控恒流源电路 ……………… 108
 8.3.4 血氧探头发光管驱动电路 …… 109
 8.3.5 参考电压输出电路 …………… 110
 8.3.6 信号放大滤波电路 …………… 110
8.4 血氧饱和度测量电路仿真 ………… 112
 8.4.1 压控恒流源电路仿真 ………… 112
 8.4.2 参考电压输出电路仿真 ……… 112
 8.4.3 信号放大滤波电路仿真 ……… 113
8.5 血氧测量实测分析 ………………… 114
 8.5.1 电源电路实测分析 …………… 114
 8.5.2 压控恒流源电路与血氧探头
发光管驱动电路实测分析 …… 115
 8.5.3 参考电压输出电路实测分析 … 118
 8.5.4 信号放大滤波电路实测分析 … 118
8.6 LY-E501 医学信号采集软件
（血氧模块） ………………………… 120
本章任务 ……………………………… 122
本章习题 ……………………………… 123

第9章 血压测量电路设计实验 …………… 124
9.1 实验内容 …………………………… 124
9.2 血压测量原理 ……………………… 124
 9.2.1 压力传感器 MPX2053 ………… 124
 9.2.2 示波法 ………………………… 125
9.3 血压测量电路设计 ………………… 127
 9.3.1 血压测量电路设计思路 ……… 127
 9.3.2 电源电路 ……………………… 128
 9.3.3 基准电压电路 ………………… 128
 9.3.4 仪器仪表放大电路 …………… 128
 9.3.5 无源低通滤波电路 …………… 130
 9.3.6 有源低通滤波电路 …………… 130
 9.3.7 晶体三极管开关电路 ………… 130
 9.3.8 反相比例运算电路 …………… 131
9.4 血压测量电路仿真 ………………… 132
 9.4.1 基准电压电路仿真 …………… 132
 9.4.2 仪器仪表放大电路仿真 ……… 132
 9.4.3 无源低通滤波电路仿真 ……… 133
 9.4.4 有源低通滤波电路仿真 ……… 134
 9.4.5 晶体三极管开关电路仿真 …… 135
 9.4.6 反相比例运算电路仿真 ……… 136
9.5 血压测量实测分析 ………………… 136
 9.5.1 电源电路实测分析 …………… 136
 9.5.2 基准电压电路实测分析 ……… 137
 9.5.3 仪器仪表放大电路实测分析 … 137
 9.5.4 袖带压实测分析 ……………… 139
 9.5.5 反相比例运算电路实测分析 … 140
9.6 LY-E501 医学信号采集软件
（血压模块） ………………………… 142
本章任务 ……………………………… 145
本章习题 ……………………………… 145

附录 A 医学电子学开发套件（LY-E501）
使用说明 ……………………………… 146

参考文献 …………………………………… 154

第1章 基本元器件

电子元器件是组成电子产品的基础部分,常用的电子元器件有电阻、电容、电感、二极管、晶体管和运算放大器等。了解常用电子元器件的参数,并能够正确选型是学习和掌握电子技术的基本要求。本章将学习常用电子元器件的选型参数和用途,完成本章学习后,读者将能够掌握它们的用途、选型和在电路设计中的应用。

1.1 电　　阻

1.1.1 电阻选型参数

电阻在选型过程中要根据电阻的参数选择,必须考虑的参数有阻值、封装和精度,有时还需考虑品牌、价格、销量和库存等因素。

1. 阻值

电阻上所标示的阻值为标称阻值。

2. 封装

选择合适的封装需要考虑电路板空间。例如,手机电路板的空间有限,工作电压低,就可以选用 0402 的封装。在空间充足的情况下,优先选择 0603 和 0805 封装。封装大的元器件会比较便宜,封装小的元器件加工精度高,有可能价格会高一些。另外,封装小的元器件对电路板贴装的要求高,比如要考虑电路板贴装机器的精度,且小封装元器件也不便于电路板维修和手工焊接。

电阻的封装大小和功率有关,功率越大,电阻的体积越大。额定功率是指在某个温度下最大允许使用的功率,通常指环境温度为 70℃时的功率。当电流通过电阻的时候,电阻因消耗功率而发热,电阻所能承受的发热是有限度的,如果电阻上所加的电功率大于所能承受的最大电功率,电阻就会烧坏。

表 1-1 列举了常用电阻封装与功率、电压的关系。最高工作电压是指允许加载在电阻两端的最高电压。

表 1-1 电阻封装与功率、电压关系

封　装	功率/W	最高工作电压/V
0402	1/16	50
0603	1/10	50
0805	1/8	150

3. 精度

一个电阻的实际阻值不可能与标称阻值绝对相等,两者之间会存在一定的偏差,阻值偏差代表电阻的精度。阻值偏差越小,精度越高,稳定性也越好,但生产成本相对较高,价格也贵。通常,普通电阻的允许偏差为±5%、±10%、±20%,高精度电阻的允许偏差为±1%、±0.5%、±0.001%。

在电路设计中，不要盲目追求精度，要根据实际情况选择。常规使用中优先选择精度为±1%的电阻，除非有特殊需求。例如，在本书第 5 章体温测量电路中起参考作用的14.7kΩ±0.1%贴片电阻，就要使用精度值为±0.1%的高精度电阻，而且精度越高，参考值越精确。

除了以上三点，有时候还需要根据实际应用考虑电阻的噪声、温漂、工作温度范围和材质类别等参数。除技术参数外，还需考虑品牌、供货商、成本等因素。电阻的品牌可选择厚声、风华和国巨；另外，货源需保证正规、稳定和充足；在性能参数合适的情况下，选择性价比高的元器件。

1.1.2 电阻的用途

1. 上拉、下拉电阻

定义：上拉就是将不确定的信号通过一个电阻固定在高电平，下拉就是将不确定的信号通过一个电阻固定在低电平，电阻同时起限流作用。上拉是对元器件输入电流，下拉是输出电流。

作用：

（1）一般作为单键触发使用，如果芯片本身没有内接电阻，为了使单键维持在不被触发的状态或触发后回到原状态，必须在芯片外部接一个电阻，即保持芯片引脚高电平（或低电平）输入，这样单击按键，就会给引脚一个低电平（或高电平）触发。

（2）数字电路有三种状态（高电平、低电平和高阻状态），有些应用场合不希望出现高阻状态，可以通过上拉电阻或下拉电阻的方式使其处于稳定状态。

（3）接上拉或下拉电阻可以防止引脚悬空，使引脚有确定的电平状态。上拉、下拉电阻可以提高总线的抗电磁干扰能力，因为引脚悬空比较容易受到外界的电磁干扰。在 CMOS 芯片上，为了防止静电造成损坏，不使用的引脚不能悬空，一般接上拉电阻，降低输入阻抗，提供泄荷通路。

（4）通过上拉或下拉来增大或减小驱动电流。当总线驱动能力不足时，上拉电阻可以为其提供电流；下拉电阻是用来吸收电流的，也就是通常所说的灌电流，减弱外部电流对芯片产生的干扰。

（5）上拉电阻常用在 TTL-CMOS 匹配中，可以改变电平的电位。当 TTL 电路驱动 CMOS 电路时，如果 TTL 电路输出的高电平低于 CMOS 电路的最低高电平（一般为 3.5V），这时就需要在 TTL 的输出端接上拉电阻，以提高输出高电平值。注：此时上拉电阻连接的电压值应不低于 CMOS 电路的最低高电压，同时又要考虑 TTL 电路电流（如某端口最大输入或输出电流）的影响。

（6）为 OC 门提供电流，OC 门电路必须加上拉电阻才能使用。

（7）长线传输中电阻不匹配容易引起反射波干扰，加上、下拉电阻使电阻匹配，可以有效地抑制反射波干扰。

2. 分压电阻

用电器上通常都有额定的电压值，如果电源电压比用电器的额定电压高，则会损坏用电器。在这种情况下，可以给用电器串联一个合适阻值的电阻，让它分担一部分电压。

3. 分流电阻

当电路的干路上需同时接入几个额定电流不同的用电器时,可以在额定电流较小的用电器两端并联接入一个电阻,这个电阻的作用是分流。

4. 限流电阻

通过用电器的电流应不超过额定值或实际工作需要的规定值,可以将用电器与一个可变电阻串联,以保证用电器的正常工作。当改变可变电阻阻值大小时,电流的大小也随之改变。这种可以限制电流大小的电阻称为限流电阻。

5. 阻抗匹配

在信号传输过程中,为了得到最大功率输出,会在线路中加入电阻改变阻抗,使得负载阻抗与激励源内部阻抗相互适配。在这种情况下,电阻起到的是阻抗匹配作用。

6. 偏置作用

偏置电阻可以使晶体三极管有一个基本的工作电流,并工作在线性放大区,以避免放大信号失真。

7. 滤波

电阻一般与电容组成 RC 滤波电路,可分为低通、高通和带通滤波电路。

8. 将电能转化为内能

电流通过电阻时,会把电能转化为内能。把电能转化为内能的用电器称为电热器,如电烙铁、电炉、电饭煲、取暖器等。

9. 0Ω 电阻

电路设计中常见到 0Ω 电阻(即为导线),为何要专门设计呢?其实 0Ω 电阻在电路中的作用很大,主要表现为以下几点:

(1)在电路中没有任何功能,只是在电路板上为了调试方便或兼容设计而使用。

(2)可以用作跳线,如果某段线路不使用,直接不焊接该电阻即可将该段线路隔离(不影响电路板外观)。

(3)匹配电路参数不确定的时候,以 0Ω 代替,实际调试的时候,确定参数后再以具体数值的元器件代替。

(4)测量某部分电路的耗电流时,可以去掉 0Ω 电阻,接上电流表,这样方便测量耗电流。

(5)在高频信号下充当电感或电容。用作电感,主要是解决 EMC 问题,如地与地、电源与芯片引脚之间。

(6)单点接地(指保护接地、工作接地、直流接地在设备上相互分开,各自成为独立系统)。

(7)跨接时用于电流回路。当分割地平面后,造成信号最短回流路径断裂,此时,信号回路不得不绕道,形成很大的环路面积,电场和磁场的影响就变强了,容易干扰或被干扰。在分割区上跨接 0Ω 电阻,可以提供较短的回流路径,减小干扰。

(8)不同封装 0Ω 电阻允许通过的电流不同,通常 0603 封装可通过 1A 电流,0805 封装可通过 2A 电流,所以不同电流会选用不同封装的 0Ω 电阻。

1.2 电　　容

1.2.1 电容选型参数

电容的选型参数与电阻类似,除此之外,电容选型还需考虑耐压值和介质材料。

1. 容值

电容上所标示的容值为标称容值。

2. 封装

电容封装优先选择 0603 封装和 0805 封装,若是铝电解电容或钽电容等其他电容,要根据实际情况选择。

3. 精度

精度与电容的介质材料及容值大小有关,容值越小,精度越高。电容精度常用的是±5%、±10%和±20%。

4. 耐压值

额定电压也称为电容的耐压值,是指电容在规定的温度范围内,能够连续正常工作时所能承受的最高电压。在实际应用中,电容的工作电压应低于电容上标注的额定电压值,否则会造成电容因过压而击穿损坏。例如,3.3V 和 5V 工作电压系统电容取 10V 额定电压、12V 工作电压系统电容取 25V 额定电压、24V 工作电压系统电容取 50V 额定电压、48V 工作电压系统电容取 100V 额定电压。在实际电路中,可以用高额定电压替代低额定电压,如电路中需要一个 10V 的 1μF 电容,可以用 16V 的 1μF 电容替代。

5. 介质材料

介质材料按容量的温度稳定性可以分为两类:Ⅰ类陶瓷电容器和Ⅱ类陶瓷电容器。NPO 属于Ⅰ类陶瓷电容器,而其他的 X7R、Y5V 等都属于Ⅱ类陶瓷电容器。NPO、X7R 和 Y5V 等类型电容的主要区别是它们的填充介质不同。在相同体积下,由于填充介质不同,容量就不同,介质损耗、容量稳定性等也不同。

NPO 型电容的填充介质是铷、钐和一些其他稀有氧化物。NPO 型电容是电容量和介质损耗最稳定的电容之一。

X7R 的稳定性比 NPO 差,但容量比 NPO 大,其主要特点是在相同体积下,容量可以做得比较大,容量精度在 10%左右。X7R 型电容主要应用于要求不高的工业应用。

Y5V 型电容的稳定性较差,容量偏差在 20%左右,对温度变化较敏感,适用于温度变化不大的电路中。

除了以上几点,电容的品牌选择推荐村田、风华、国巨和三星。在电路设计中还应根据实际需求,考虑电容寿命、极性、电容类型、交流阻抗(ESR)和交流感抗(ESL)等其他参数。

1.2.2 电容的用途

在电路中,电容用来通过交流,阻隔直流,也用来存储和释放电荷以充当滤波器,平滑输出信号。小容量的电容,通常在高频电路中使用,如收音机、发射机和振荡器;大容量的电容，往往用作滤波和存储电荷。

电容极板间建立电压，积蓄电能，这个过程称为充电，充好电的电容两端有一定的电压。电容存储的电荷向电路释放的过程，称为放电。电路中，只有在电容充电过程中才有直流电流流过，充电结束后，电容是不能通过直流电的，起到"隔直流"的作用。电容在电路中常被用于耦合、旁路、滤波等功能，都是利用它"通交流，隔直流"的特性。

下面介绍电容的几种常见的作用。

1．滤波

滤波是电容非常重要的一个功能，几乎所有的电源电路中都会用到。电容把电压的变化转化为电流的变化，频率越高，峰值电流就越大，从而缓冲了电压。滤波实质上就是充电、放电的过程。理论上电容越大，阻抗越小，通过的频率也越高。但实际上超过 $1\mu F$ 的电容大多为电解电容，有很大的电感成分，所以频率提高后反而阻抗会增大。在防止高频干扰的电源滤波电路中，常设计一个大电容并联一个小电容，这样就有了很好的高频通过性能。

2．旁路

旁路电容一般接在信号端引脚与地引脚之间，主要功能是产生一个交流分路，从而消除那些进入易感区的不需要的能量。旁路电容一般作为高频旁路元器件来减小对电源模块的瞬态电流需求。通常铝电解电容和钽电容比较适合用作旁路电容，其电容值取决于电路板上的瞬态电流需求，一般在 $10\sim470\mu F$ 范围内。如果电路板上有很多集成电路、高速开关电路和具有长引线的电源，则应选择大容量的电容。旁路电容是可以提供能量的储能元器件，它能使稳压器的输出均匀化，降低负载需求。就像小型可充电电池那样，旁路电容能够被充电，也能向元器件放电。

为尽量减小阻抗，电路板元器件布局时，旁路电容要尽量靠近负载元器件的供电电源引脚和地引脚。这样能很好地防止输入电流过大而导致地电位抬高的现象，也可以减小噪声。

3．去耦

去耦电容是根据电容使用的实际效果来命名的，一般接在电源线和地线之间，其作用主要有两方面：滤波和蓄能。

（1）当电源引进电路时，电源电压不是恒定的，而是处在一个相对稳定的状态，其中带有很多噪声，如果这些噪声进入电路中，就会对电路造成影响，特别是对电压敏感的元器件，这些元器件对电路电压的稳定性要求更高，还有作为参考电压的电源，噪声会影响其精确性。解决这个问题可以加去耦电容，从而保证电路的线性关系。简单理解就是电压高时，去耦电容充电，电压低时，去耦电容放电，使电压保持在一个平衡稳定的状态。

（2）有源器件在开、关时会产生高频开关噪声，且沿着电源线传播，此时电容会提供一个局部的直流电源给有源器件，以减少开关噪声在电源线上的传播，并将噪声接引到地。

（3）空间中存在着非常多的电磁波干扰芯片工作的稳定性，芯片周围的去耦电容可以有效地滤除这些干扰。另外，在高频电路中，导线产生的电感效应对电流的阻碍作用非常大，会导致电流不足，当芯片需要足够电流驱动时，就不能及时供给。这时，去耦电容释放储存的能量及时补给，可以保证芯片的正常工作。

在电路中，去耦电容和旁路电容都起到抗干扰的作用，电容所处位置不同，称呼也不同，本质区别是旁路是把输入信号中的干扰作为滤除对象，去耦是把输出信号中的干扰作为滤除对象，防止干扰信号返回电源。

4．储能

储能型电容通过整流器收集电荷，并将存储的能量通过变换器引线传送至电源的输出端。

1.3 电 感

1.3.1 电感选型参数

电感的重要参数有电感值、精度、额定电流和自谐振频率。在电路中电感的选型要根据参数选择：工作电流比较大的电路中，主要关心电感的额定电流，因为选择的电感额定电流小了会造成电感因过电流而损坏；振荡器电路中的电感主要关心电感精度，因为电感值的偏差将影响振荡器的振荡频率。

1．电感值

电感值的大小与主线圈的圈数（匝数）、绕制方式、有无磁芯及磁芯的材料等有关。通常，线圈圈数越多、绕制的线圈越密集，电感值就越大。有磁芯的线圈比无磁芯的线圈电感值大；磁芯磁导率越大的线圈，电感值也越大。

2．精度

精度（又称允许偏差）是指电感上标称的电感值与实际电感值的误差。用于振荡或滤波电路中的电感对精度要求较高，允许偏差为±0.2%～±0.5%；用于耦合、高频阻流等线圈的精度要求不高，允许偏差为±10%～15%。

3．额定电流

额定电流是指电感在正常工作时允许通过的最大电流值。若工作电流超过额定电流，则电感会因发热而使性能参数发生改变，甚至还会因过流而烧毁。在电源电路中的滤波电感因为工作电流比较大，加上电源电路的故障发生率比较高，所以滤波电感容易烧坏。

4．自谐振频率

当应用频率大于电感的自谐振频率时，电感感抗开始减小，电感的应用效果不佳，因此，应用频率应小于电感的自谐振频率。

电感品牌可选择村田、TDK 和 SUMIDA。除以上参数外，电感的品质因数 Q 越大越好。

1.3.2 电感的用途

电感在电路中的主要作用是通直流，隔交流，起到滤波、振荡、延迟、陷波等作用。在电路中，电感线圈对交流有限流作用，它与电阻或电容能组成高通或低通滤波器、移相电路及谐振电路等。

1．滤波

在直流电路中，当有电流流过电感时，瞬间会在线圈内产生感应磁场，而磁场又会感应出电流，感应的电流和流过的电流方向相反，会阻碍外部的电流流过，一旦流过的电流稳定下来，感应磁场就不会再发生变化，从而可以让直流电流顺利通过。从这一过程中可以看出来，电感其实是阻碍电流的变化，而当通过交流电时，由于交流电的电流在时刻变化，因此电感总是不停地抵抗变化，阻碍交流电流的通过。

电感对交流的阻碍作用称为感抗，它和交流电的频率及电感量有关，交流频率越高，电感越大，感抗就越大。利用这一特性，我们在电源滤波中经常用到它。电感能够阻碍电流的变化，抑制小波动，从而输出更加纯正的直流电。

2．振荡

电感与电容串联便构成了 LC 振荡电路。LC 振荡电路用于产生高频正弦波信号，常见的 LC 正弦波振荡电路有变压器反馈式 LC 振荡电路、电感三点式 LC 振荡电路和电容三点式 LC 振荡电路。LC 振荡电路的辐射功率是和振荡频率的 4 次方成正比的，要让 LC 振荡电路向外辐射足够强的电磁波，就必须提高振荡频率。

LC 振荡电路运用了电容和电感的储能特性，让电、磁两种能量交替转化，即电能和磁能都会有一个最大/最小值，因此就有了振荡。不过这只是理想情况，实际上所有的电子元器件都会有损耗，能量在电容和电感之间相互转化的过程中要么被损耗，要么被泄漏至外部，会不断减少，所以实际中的 LC 振荡电路都需要一个元器件进行放大，要么是晶体三极管，要么是集成运算放大器等芯片。利用元器件放大，可以通过信号反馈方法使得不断被消耗的振荡信号被反馈放大，从而最终输出一个幅值和频率比较稳定的信号。

3．延时

根据楞次定律：当电流增大时感应电流的方向与电流方向相反，电感线圈刚通电时，电流变化很快，感应电流很大，它与原电流相叠加，使得线圈中的电流只能从 0 开始增大，直到电流变化趋于 0，这时线圈中的电流才能达到最大。所以说，电感线圈有延时作用。

4．陷波

陷波滤波器指的是一种可以在某一个频率点迅速衰减输入信号，以达到阻碍此频率信号通过的滤波效果。从通过信号的频率范围的角度讲，陷波滤波器属于带阻滤波器的一种，只是它的阻带非常狭窄。既然陷波滤波器属于带阻滤波器，那么它的阶数必须是二阶（含二阶）以上。最简单的（二阶）陷波滤波器是 RLC 串联电路。

1.4 二极管

1.4.1 二极管选型参数

二极管的主要参数有 4 个：最大整流电流 I_m、最高反向工作电压 U_{rm}、最大反向电流 I_{co} 和最高工作频率 f_m。二极管在不同应用场合下，对各项参数的要求是不同的。对用于整流电路的整流二极管，重点关注它的最大整流电流和最大反向工作电压参数；对用于开关电路的开关二极管，重点关注它的开关速度；对于高频电路中的二极管，重点关注它的最高工作频率和结电容等参数。

1．最大整流电流 I_m

最大整流电流是指二极管长时间正常工作下，允许通过二极管的最大正向电流值。各种用途的二极管对这一参数的要求不同,当二极管用来作为检波二极管时,由于工作电流很小,所以对这一参数的要求不高;当二极管用来作为整流二极管时,由于整流时流过二极管的电流比较大,此时,最大整流电流 I_m 是一个非常重要的参数。当正向电流通过二极管时,二极管会发热,电流越大,温度越高,当二极管发热温度达到一定程度时二极管会被烧坏,所以最大整流电流 I_m 限制了二极管的正向工作电流,在使用时不能让二极管中流过的电流超过最大整流电流。在一些大电流的整流电路中,为了帮助整流二极管散热,会给其加上散热片。

2. 最高反向工作电压 U_{rm}

最高反向工作电压 U_{rm} 是指二极管正常工作时所能承受的最大反向电压值,约等于反向击穿电压的一半,在应用中 U_{rm} 应大于正常工作电压。反向击穿电压是指给二极管加反向电压,使二极管击穿时的电压值。二极管在使用中,为了保证二极管安全工作,实际的反向电压不能大于最高反向工作电压。

对于晶体管而言,过压(指工作电压大于规定电压值)比过流(工作电流大于规定电流值)更容易损坏晶体管,因为电压稍增大一些,往往电流就会增大许多。

3. 最大反向电流 I_{co}

反向电流是指给二极管加上规定的反向电压时,通过二极管的反向电流值,最大反向电流 I_{co} 的大小反映了二极管单向导电的性能。给二极管加上反向电压后,没有电流流过二极管,这是二极管的理想情况,实际上二极管在加上反向电压后或多或少都会有一些反向电流,反向电流是从二极管负极流向正极的电流。正常情况下,二极管的反向电流很小,而且是越小越好。这一参数是二极管的一个重要参数,因为当二极管的反向电流太大后,二极管失去了单向导电特性,也就失去了它在电路中的功能。

在二极管反向击穿之前,总是要存在一些反向电流,对于不同材料的二极管这一反向电流的大小不同。对于硅二极管,它的反向电流比较小,通常为 1μA 甚至更小;对于锗二极管,反向电流比较大,有几百微安。所以,现在一般情况下不使用锗二极管,而广泛使用硅二极管。在二极管反向击穿前反向电流 I_{co} 的大小基本不变,即反向电压只要不大于反向击穿电压值,反向电流就几乎不变,所以反向电流又称为反向饱和电流。

4. 最高工作频率 f_m

二极管可以用于直流电路中,也可以用于交流电路中。在交流电路中,交流信号的频率高低对二极管的正常工作有影响,信号频率高时要求二极管的工作频率也要高,否则二极管就不能很好地起作用,这就对二极管提出了工作频率的要求。由于二极管受材料、结构和制造工艺的影响,所以当工作频率超过一定值后,二极管将失去良好的工作特性。二极管保持良好工作特性的最高频率,称为二极管的最高工作频率。在一般的电路和低频电路(如整流电路)中,对二极管的最高工作频率是没有要求的,主要是在高频电路中对这一参数有要求。

1.4.2 二极管的用途

1. 检波二极管

检波二极管具有结电容低、工作频率高和反向电流小等特点,传统上用于调幅信号检波。其工作原理如下。

调幅信号是一个高频信号承载一个低频信号,调幅信号的包络即为基带低频信号。如果在每个信号周期取平均值,其恒为零。如果将调幅信号通过检波二极管,由于检波二极管的单向导电特性,调幅信号的负向部分被截去,仅留下正向部分,此时若在每个信号周期取平均值(低通滤波),所得为调幅信号的波包即为基带低频信号,实现解调(检波)功能。

广义的检波通常称为解调,是调制的逆过程,即从已调波提取调制信号的过程。狭义的检波是指从调幅波的包络提取调制信号的过程,有时把这种检波称为包络检波或幅度检波。

2. 整流二极管

整流二极管是一种用于将交流电转变为直流电的半导体器件,其结构如图 1-1 所示。P区的载流子是空穴,N 区的载流子是电子,在 P 区和 N 区之间形成一定的位垒。外加电压使 P 区相对 N 区为正的电压时,位垒降低,位垒两侧附近产生储存载流子,能通过大电流,具有低的电压降(典型值为 0.7V),称为正向导通状态;若加相反的电压,使位垒增加,则可承受高的反向电压,流过很小的反向电流(称反向漏电流),称为反向阻断状态。整流二极管具有明显的单向导电性。

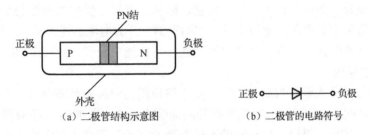

图 1-1 整流二极管结构

开关电源整流、脉冲整流用工作频率较高、反向恢复时间较短的整流二极管。选用整流二极管时,主要应考虑其最大整流电流、最大反向工作电流、截止频率及反向恢复时间等参数。

3. 稳压二极管

稳压二极管具有 PN 结在反向击穿状态,其电流可在很大范围内变化而电压基本不变的特点。稳压二极管的伏安特性曲线的正向特性和普通二极管差不多,反向特性是在反向电压低于反向击穿电压时,反向电阻很大,反向漏电流极小。但是,当反向电压临近反向电压的临界值时,反向电流骤然增大,称为击穿,在这一临界击穿点上,反向电阻骤然降至很小值。尽管电流在很大的范围内变化,但二极管两端的电压却基本上稳定在击穿电压附近,从而实现了二极管的稳压功能。

选择稳压二极管时,稳定电压值应与应用电路的基准电压值相同,最大稳定电流要高于应用电路的最大负载电流 50%左右,稳压二极管工作时的实际功率应小于额定功率的一半。

4. 开关二极管

二极管导通时相当于开关闭合,截止时相当于开关打开,所以二极管可用作开关,常用型号为 1N4148。由于二极管具有单向导电的特性,在正偏压下 PN 结导通,在导通状态下的电阻很小，约为几十至几百欧；在反向偏压下呈截止状态，其电阻很大，一般硅二极管在 10MΩ 以上，锗管也有几十至几百千欧。利用这一特性，二极管将在电路中起到控制电流接通或关断的作用，成为一个理想的电子开关。以上的描述，适用于任何一只普通的二极管，或者说是二极管本身的原理。但对于开关二极管，最重要的特点是在高频条件下的表现。高频条件下，二极管的势垒电容表现出极低的阻抗，并且与二极管并联。当这个势垒电容本身的容值达到一定程度时，就会严重影响二极管的开关性能。极端条件下会将二极管短路，高频电流不再通过二极管，而是直接绕路势垒电容通过，二极管就失效了。而开关二极管的势垒电容一般极小，这就相当于堵住了势垒电容这条路，达到了在高频条件下还可以保持好的单向导电性的效果。

5. 肖特基二极管

肖特基二极管的最大特点是正向压降小，反向恢复时间短。肖特基二极管的开启电压低，电荷存储效应小，适用于高频工作。在同样的电流情况下，它的正向压降要比普通二极管小许多；它还具有损耗小、噪声低、检波灵敏度高、稳定可靠等特点。肖特基二极管的缺点是反向耐压较低，一般不会高于 60V，最高仅为 100V，所以它不适合用于高反向电压的电路。

肖特基二极管主要用来作为整流二极管、续流二极管、保护二极管及小信号检波等，最常见的用途是用于低电压大电流电路（如驱动器、开关电源、变频器、逆变器等）之中。按照同电流挡次的保留反向电压最高的原则选择肖特基二极管，如选择 SS14，不选 SS12。

6. TVS 二极管

TVS 二极管又称为瞬态抑制二极管，是普遍使用的一种新型高效电路保护器件，它具有极快的响应时间（亚纳秒级）和相当高的浪涌吸收能力。当 TVS 二极管两端经受瞬间的高能量冲击时，TVS 二极管能以极高的速度把两端间的阻抗值由高阻抗变为低阻抗，以吸收一个瞬间大电流，把它的两端电压钳制在一个预定的数值上，从而保护后面的电路元件不受瞬态高压尖峰脉冲的冲击。双向 TVS 二极管可在正、反两个方向吸收瞬时大脉冲功率，并把电压钳制到预定水平。双向 TVS 二极管适用于交流电路，单向 TVS 二极管一般用于直流电路。

选择 TVS 二极管时，最大反向工作电压要大于正常工作电压；最大钳位电压要小于最大安全工作电压。例如，在常规 CMOS 电路中，电源电压为 3～18V，击穿电压为 22V，则应选择最大钳位电压为 18～22V 的 TVS 二极管。

二极管在使用时，品牌可选择 NXP 和 ON。

1.5 晶体三极管

1.5.1 晶体三极管选型参数

常用晶体三极管的类型有 NPN 型与 PNP 型两种。NPN 型和 PNP 型晶体三极管如图 1-2 所示，b 表示基极，c 表示集电极，e 表示发射极。

晶体三极管是电流控制电流型的元器件，正常工作时基极需要一定的电流驱动。

NPN 型晶体三极管的电流从基极和集电极流向发射极，适合发射极接地的应用。NPN 型晶体三极管需要满足条件 $U_{be}>0.7V$，且 $I_b>0$ 时，NPN 导通。若 $U_{ce}>0.2V$，则 NPN 处于放大状态；若 $U_{ce}<0.2V$，则 NPN 处于饱和状态；若 $U_{be}<0.7V$，则 NPN 截止。

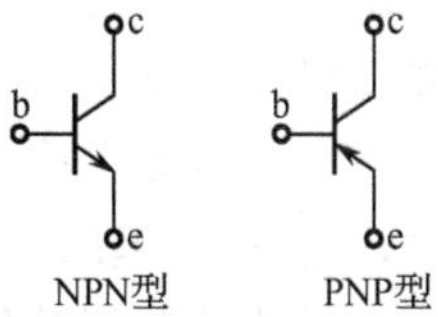

PNP 型晶体三极管电流从发射极流向基极和集电极，适合发射极接电源的应用。PNP 型晶体三极管需要满足条件 $U_{be}<0.7V$，且 $I_b>0$ 时，PNP 导通。若 $U_{ec}>0.2V$，则 PNP 处于放大状态；若 $U_{ec}<0.2V$，则 PNP 处于饱和状态；若 $U_{be}>0.7V$，则 PNP 截止。

图 1-2　晶体三极管

晶体三极管的材料有锗材料和硅材料。它们之间最大的差异是起始电压不一样。锗管 PN 结的导通电压为 0.2V 左右，而硅管 PN 结的导通电压为 0.6~0.7V。在放大电路中如果用锗管代换同类型的硅管，或用硅管代换同类型的锗管通常是可以的，但都要在基极偏置电压上进行必要的调整，因为它们的起始电压不一样。但在脉冲电路和开关电路中不同材料的晶体三极管是否能互换必须具体分析，不能盲目代换。

1．集电极最大允许电流 I_{cm}

在应用中，实际的集电极电流要小于集电极最大允许电流 I_{cm} 的 70%。

2．集电极-发射极反向击穿电压 BU_{ceo}

BU_{ceo} 是晶体三极管基极开路时，集电极-发射极反向击穿电压。如果在使用中加在集电极与发射极之间的电压超过这个数值，将可能使晶体三极管产生很大的集电极电流，这种现象称为击穿。晶体三极管击穿后会造成永久性损坏或性能下降。小功率晶体三极管 BU_{ceo} 的选择可以根据电路的电源电压来决定，一般情况下只要晶体三极管 BU_{ceo} 的 70% 的值大于电路中电源的最高电压即可。

3．集电极最大允许耗散功率 P_{cm}

晶体三极管在工作时，集电极电流在集电结上会产生热量而使晶体三极管发热。若耗散功率过大，则晶体三极管将烧坏。在使用中如果晶体三极管在大于 P_{cm} 下长时间工作，将会损坏晶体三极管，通常实际耗散功率要小于集电极最大允许耗散功率的 70%。

4．特征频率 f_T

随着工作频率的升高，晶体三极管的放大能力将会下降，对应于 $\beta=1$ 时的频率 f_T 称为晶体三极管的特征频率。工程设计中一般要求晶体三极管的 f_T 大于 3 倍的实际工作频率。所以可按照此要求来选择晶体三极管的特征频率 f_T。

晶体三极管在品牌选择上，应尽量选用大品牌的贴片封装器件，如 NXP、DIODE、ST、TI 等。

1.5.2　晶体三极管的用途

晶体三极管主要用来控制电流的大小，这是最基本和最重要的特性。以共发射极接法为例（信号从基极输入，从集电极输出，发射极接地），当基极电压 U_b 有一个微小的变化时，基极电流 I_b 也会随之有小变化，受基极电流 I_b 的控制，集电极电流 I_c 会有一个很大的变化，基极电流 I_b 越大，集电极电流 I_c 也越大；反之，基极电流越小，集电极电流也越小，即基极电流控制集电极电流的变化。但是集电极电流的变化比基极电流的变化大得多，这就是晶体三极管的电流放大作用。晶体三极管有一个重要参数就是电流放大系数 β。当晶体三极管的基极上加一个微小电流时,在集电极上可以得到一个是微小电流 β 倍的电流,即集电极电流。根据晶体三极管的作用分析,它可以把微弱的电信号转换成一定强度的信号,当然这种转换仍然遵循能量守恒定律,它只是把电源的能量转换成信号的能量罢了。

晶体三极管的作用还有电子开关,配合其他元器件还可以构成振荡器,此外晶体三极管还有稳压的作用。

1.6 MOS 晶体管

1.6.1 MOS 晶体管选型参数

MOS 晶体管是电子电路中的基本元件。NMOS 晶体管和 PMOS 晶体管如图 1-3 所示,图中,G 表示门极(栅极),D 表示漏极,S 表示源极。

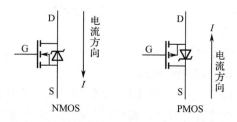

图 1-3 MOS 晶体管

正确选择 MOS 晶体管是很重要的一个环节,MOS 晶体管选择不好有可能影响整个电路的效率和成本,了解 MOS 晶体管的选型参数,选择合适的 MOS 晶体管,将会充分发挥其"螺丝钉"的作用,确保设备得到最高效、最稳定、最持久的应用效果。

1. NMOS 和 PMOS 选择

MOS 晶体管是电压控制电流型器件,必须满足 U_{GS} 的电压要求才能导通。

NMOS 晶体管的主回路电流方向为 D→S(漏极流向源极),导通条件为 U_{GS} 大于门槛电压,适合用于源极 S 接地的情况(低端驱动)。电路中常用的是 NMOS 晶体管,因为其导通电阻小,且容易制造。

PMOS 晶体管的主回路电流方向为 S→D(源极流向漏极),导通条件为 U_{GS} 小于门槛电压,适合用于源极 S 接电源的情况(高端驱动)。虽然 PMOS 可以很方便地用作高端驱动,但由于其导通电阻大,价格贵,替换种类少等原因,在高端驱动中,通常还是使用 NMOS。

2. 最大漏源电压

选择 MOS 晶体管必须确定漏极至源极间可能承受的最大电压,即最大漏源电压。MOS 晶体管在工作时,不能超过最大漏源电压,这样才能提供足够的保护,使 MOS 晶体管不会失效。基本原则为实际工作环境中的最大峰值漏源电压不大于元器件规格书中标称漏源击穿电压的 90%。

3. 最大漏极电流

最大漏极电流是指 MOS 晶体管正常工作时漏极电流允许的上限值。选择的 MOS 晶体管所能承受电流必须满足系统产生尖峰电流时的需求。电流的确定需从两个方面着手:连续模式和脉冲尖峰。在连续导通模式下，MOS 晶体管处于稳态，此时电流连续通过 MOS 晶体管。脉冲尖峰是指有大量电涌（或尖峰电流）流过，一旦确定了这些条件下的最大电流，就要选择能承受这个最大电流的 MOS 晶体管。基本原则为实际工作环境中的最大峰值漏极电流，或漏极脉冲电流峰值不大于规格书中标称的最大漏极电流的 90%。

1.6.2 MOS 晶体管的用途

MOS 晶体管有优良的开关性能，开关速度较晶体三极管更快，所以主要用于电源或驱动方面。MOS 晶体管在电路中不只起到开关的作用，还有放大、阻抗变换、振荡等作用。

1.7 运算放大器

运算放大器（简称运放）具有电压增益高、输入阻抗大、输出阻抗小、温漂小等优点，广泛应用于模拟运算、有源滤波、信号产生与变换等各种电子系统中。

1.7.1 运算放大器选型参数

1. 电源电压大小和方式选择

运算放大器的电源电压大小由运算放大器的工作电压范围和被处理信号的电压范围决定。在供电方式上有单电源和双电源两种。

电源电压决定运算放大器的工作点，工作点通常是电源的中间电压，因为运算放大器在中间电压工作时，被处理信号的输入动态范围和输出摆幅最大。例如，+10V 单电源情况下的工作点为 +5V，±5V 双电源情况下的工作点为 0V。电路中采用双电源会相对较简单，因为大多数信号源和负载以地（0V 或对称双极性电源的中间电压）为基准，在这种情况下，输入信号源、输出负载和运算放大器全都具有相同的基准点。如果使用单电源，则无法对信号的负半周放大，因此需要建立一个新的工作点。通常会在运算放大器的输入端添加偏置电压，偏置电压一般为电源电压的一半，而偏置的结果是把供电所采用的单电源相对地变成"双电源"，它与双电源供电相同，只是电压范围只有双电源的一半，输出电压幅度相应会比较小。这种方式要注意电路中隔直电容的应用，隔直电容将运算放大电路和其他电路直流隔离，防止各部分直流电位相互影响，这样才可以相对地分析信号的电位。

2. 带宽和压摆率

带宽可以衡量一个运算放大器处理信号的频率范围，带宽越高，能处理的信号频率越高，高频特性就越好，否则信号就容易失真，不过这是针对小信号来说的，在大信号时一般用压摆率（SR）来衡量。

一个运算放大器的放大倍数为 n，但并不是对所有输入信号的放大能力都是 n 倍，当信号频率增大时，放大能力就会下降。当输出信号下降到原来输出的 0.707 倍时，这时信号的频率就称为运放的带宽。

选择运算放大器的带宽可根据以下步骤：首先确定单级放大的放大倍数（Gain），单级放大的倍数不要太大（如果需要放大的倍数比较大，可以采用多级级联放大的形式来降低单级放大倍数）；然后根据频率 f 和单级放大倍数的乘积算得理论带宽增益积（GBW）；再根据理论带宽增益积选择运算放大器，运算放大器的增益带宽积可以在数据手册中查到，为保证不衰减，实际选择的运算放大器的 GBW 最好是理论计算值的 2 倍以上。因为放大大信号时用压摆率来衡量，所以还需确定理论压摆率，假设输入信号峰值为 U_{in}，那么 SR = $2\pi f \cdot U_{in} \cdot \text{Gain}$。运算放大器的压摆率也可以在数据手册中查到，且要大于理论计算值，该运算放大器才适用。

例如，要将输入峰值电压为 0.1V、频率为 50kHz 的信号放大 5 倍，理论 GBW 为 0.25MHz，SR 为 0.157V/μs，那么可以选择一个 GBW 为 1MHz、压摆率为 1V/μs 的运算放大器。若其他条件不变，将输入峰值电压改为 1V，算得 GBW 还是 0.25MHz，但是 SR 变成了 1.57V/μs，再采用压摆率为 1V/μs 的运算放大器就不合适了，压摆率不够会导致输出信号失真。

3．输入失调电压和温漂

在运算放大器的应用中，尤其对直流信号进行放大时，由于输入失调电压的存在，使得运算放大器的输出端总会叠加误差。举个简单的例子：由于输入失调电压的存在，让电子秤在没有经过调校时，还未放东西就有重量显示。在理想情况下，当运算放大器两个输入端的输入电压相同时，运算放大器的输出电压应为 0V，但实际情况是，即使两个输入端的电压相同，放大电路也会有一个小电压输出，这就是输入失调电压引起的。而且随着应用环境温度的变化，输入失调电压也会变化，即温度漂移，简称温漂。在模拟信号处理中有时会对精度要求较高，如电压比较器，往往会提出响应时间、灵敏度要求，就要特别注意该参数，通常输入失调电压不超过系统精度要求的 1/3 即可。

除以上参数外，还有功耗、噪声等其他参数，运算放大器的种类繁多，要根据具体应用要求，通过查询数据手册或工具软件选择符合参数要求的元器件。从性价比方面考虑，应尽量选择通用型运放，如 LM358、LM324 等，尽量选择已经使用过或市面上常用的型号。品牌可以选择 TI、ADI 等。

1.7.2 运算放大器的用途

运算放大器用于对信号进行放大和运算处理，还可与反馈电路等外围元器件组成功能模块，常见运算放大器电路将在第 2 章详细介绍。

本 章 任 务

查找各类元器件相关的电路，通过 Multisim 软件搭建简单的电路，测量它们各自的特性。

本 章 习 题

1．简述电阻和电容的主要参数及用途。
2．简述二极管和晶体三极管的主要参数及用途。
3．叙述 MOS 晶体管的种类及它们之间的区别。
4．简述运算放大器的主要参数。

第 2 章 基本电路

电路是由各种电气设备和元器件按一定方式连接而成、为电流提供流通路径的总体，也称电子线路或电气回路。本章将介绍一些常用的基本电路模块。

2.1 电源电路

2.1.1 7.5V 转 5V 电路

78L05 是一款三端稳压电源调整芯片，其主要特点是输出电流可达到 150mA，输出电压为 5V，输出精度可达±4%，而且该芯片的外围电路简单，如图 2-1 所示。

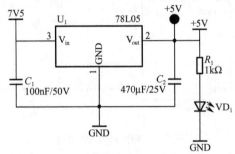

图 2-1 7.5V 转 5V 电路

在 7.5V 转 5V 电路中，电容 C_1 的作用是为电源输入滤波，可提高稳压芯片 U_1 动作的稳定性。电容 C_2 起稳压作用，当输出电压高于电容 C_2 两端电压时，电容 C_2 充电；当输出电压低于电容 C_2 两端电压时，电容 C_2 放电。从而使电容 C_2 两端电压保持不随电源电压的变化而变化。发光二极管 VD_1 起到电源指示灯的作用，电源电路正常工作时，VD_1 被点亮。电阻 R_1 的作用是分压限流，防止电流过大烧坏发光二极管。

2.1.2 5V 转 3.3V 电路

AMS1117-3.3 是一款低压差线性稳压（LDO）芯片，输出固定电压为 3.3V，输出电流 1A，最大压降为 1.3V，最大输入电压为 15V。这里将该芯片运用到 5V 转 3.3V 的电路中，如图 2-2 所示。

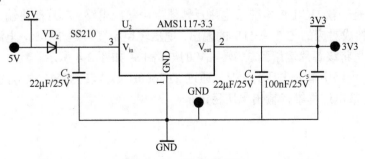

图 2-2 5V 转 3.3V 电路

在 5V 转 3.3V 电路中，电容 C_3 的作用是为电源输入滤波，可提高稳压芯片 U_2 动作的稳定性。电容 C_4 和 C_5 是电源输出滤波电容。

2.1.3　VIN 转 7.5V 电路

FP6293XR-G1 是电流模式的升压型 DC-DC 转换器，可输出最大电流 3.5A，输入电压范围为 2.6～5.5V，输出电压最高为 13V，开关工作频率为 1MHz，带过流保护；内置 0.14Ω 功率 MOSFET 的 PWM 电路，使该稳压器高度节能。这里将该芯片运用到 VIN（3.7V）转 7.5V 的电路中，如图 2-3 所示。

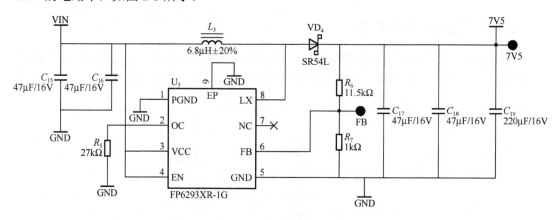

图 2-3　VIN 转 7.5V 电路

在 VIN（3.7V）转 7.5V 电路中，电容 C_{15} 和 C_{16} 的作用是为电源输入滤波，EN 是使能控制引脚，高电平有效；OC 是可调电流限制引脚，控制电流；FB 是反馈电压输入引脚，电压经过电阻 R_6 和 R_7 分压，然后反馈到 FB 引脚，改变 R_6 和 R_7 的阻值可以起到调节输出电压的作用；LX 是电源输出开关，可控制充电/放电过程。在充电过程中，二极管 VD_4 反偏截止，电感 L_3 储能，电感上的电流线性增加；在放电过程中，二极管 VD_4 导通，电感 L_3 上的能量释放，同时给电容 C_{19} 充电，电感释放能量时输出电压升高，达到升压的目的。因为充电/放电是个快速切换的过程，频率达到 1MHz，所以二极管 VD_4 选择肖特基二极管，能够快速恢复，同时达到整流的作用，使输出的电压稳定。电容 C_{17}、C_{18} 和 C_{19} 是电源输出滤波电容。

2.1.4　5V 转-5V 电路

TP7660H 是一款 DC-DC 电荷泵电压反转器专用集成电路，芯片能将输入范围为 2.5～11V 的电压转换成对应的-2.5～-11V 的输出，电压转换精度可达 99.9%，电源转换效率高，可达 98%。这里将该芯片运用到 5V 转-5V 的电路中，如图 2-4 所示。

5V 转-5V 电路中输入电压为+5V，通过 TP7660H 芯片转为-5V，C_{22} 的作用为输出滤波，C_{21} 通过充放电过程维持输出电压稳定。

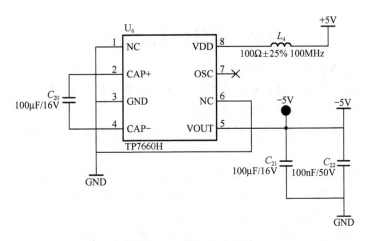

图 2-4 5V 转 -5V 电路

2.1.5 5V 转 2.5V 电路

5V 转 2.5V 电路如图 2-5 所示。C_7、C_8、C_9 为滤波电容，R_2 为限流电阻，U_3 为电压基准芯片，其特性曲线如图 2-6 所示。由图 2-6 可知，常温下，当流过 CJ431 的电流大于 500μA 时，CJ431 的电压稳定在 2.5V。

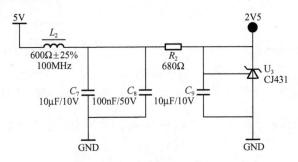

图 2-5 5V 转 2.5V 电路

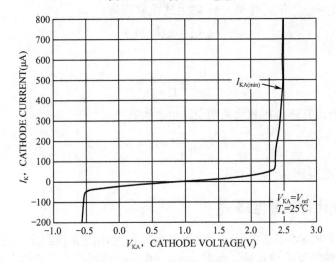

图 2-6 电压基准芯片特性曲线图

2.2 运算放大器电路

运算放大器是具有很高放大倍数的电路单元。在实际电路中,通常结合反馈网络共同组成某种功能模块。它是一种带有特殊耦合电路及反馈的放大器,其输出信号可以是输入信号加、减或微分、积分等数学运算的结果。

理想运算放大器的主要特点:①开环电压放大倍数为无穷大;②输入电阻为无穷大;③输出电阻为零。

运算放大器如图 2-7 所示,u_+ 为同相输入端,u_- 为反相输入端,u_o 则为输出端。

在进行运算放大器电路分析之前,有必要先了解一些常用概念的原理。

"虚断"是指在理想状态下,把运算放大器的两个输入端视为等效开路。原因是理想运放的输入电阻为无穷大,使得流入运放输入端的电流远小于输入端外电路的电流,因此可把两输入端视为开路。

"虚地"是深度电压并联负反馈放大器的重要特点,是指集成运放的输入端为虚地点,即 $u_-=0$。

"虚短"是指在理想状态下,把运算放大器的两个输入端电位视为相等,即 $u_+=u_-$,这一特性称为虚假短路,简称"虚短"。"虚短"成立的必要条件为运算放大器引入深度负反馈,如图 2-8 所示。

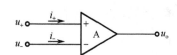

图 2-7 运算放大器

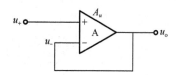

图 2-8 引入深度负反馈的理想运算放大器

以下通过公式计算来分析为什么"虚短",A_u 为开环电压放大倍数,由图 2-8 可以列出放大关系如下:

$$(u_+ - u_-)A_u = u_o$$

由负反馈有 $u_-=u_o$,将 u_o 替换 u_-,则上式可整理为

$$A_u u_+ = u_o(1 + A_u)$$

则有

$$\frac{u_+}{u_o} = \frac{A_u}{(1+A_u)}$$

对于理想运放,开环电压放大倍数 $A_u=\infty$,则有

$$\frac{u_+}{u_o} \approx 1$$

即 $u_+=u_o$,由此得到 $u_+=u_-$。

2.2.1 反相比例运算电路

反相比例运算电路如图 2-9 所示,输入信号 u_i 经过电阻 R 接到反相输入端,输出信号 u_o 经过电阻 R_F 反馈到反相输入端,此时 $u_+=u_-=0$,u_- 处可视为"虚地"点。

根据图 2-9 所示电路，结合"虚短"、"虚断"和"虚地"原理可以得出

$$u_- = u_+ = 0$$
$$i_- = i_+ = 0$$

所以有 $i_R = i_F$，则可由电流相等列出如下等式：

$$\frac{u_i - u_-}{R} = \frac{u_- - u_o}{R_F}$$

上式中 $u_- = 0$，整理得

$$u_o = -\frac{R_F}{R} u_i$$

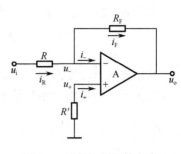

图 2-9 反相比例运算电路 1

同相输入端加直流电压 U_S 的反相比例运算电路如图 2-10 所示。由于单片机在 ADC 采样时不能采集到负压信号，所以在实际电路中一般通过直流电压 U_S 抬高输出信号的基线，使原本在 0V 基线处波动的信号抬高到在 $\left(1+\dfrac{R_F}{R}\right)U_S$ 基线处波动，这样即可保证输出信号都为正，使单片机能够采集到完整的信号。

根据图 2-10 所示电路，结合"虚短"与"虚断"原理可以得出

$$u_- = u_+ = U_S$$
$$i_- = i_+ = 0$$

所以有 $i_R = i_F$，则可列出如下等式：

$$\frac{u_i - u_-}{R} = \frac{u_- - u_o}{R_F}$$
$$\frac{u_i - U_S}{R} = \frac{U_S - u_o}{R_F}$$

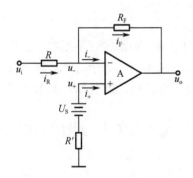

图 2-10 反相比例运算电路 2

进一步整理得

$$u_o = \left(1 + \frac{R_F}{R}\right) U_S - \frac{R_F}{R} u_i$$

2.2.2 同相比例运算电路

同相比例运算电路如图 2-11 所示，输入信号 u_i 经过电阻 R' 加在同相输入端，输出信号 u_o 经过电阻 R_F 反馈到反相输入端，形成负反馈。

根据图 2-11 所示电路，结合"虚短"和"虚断"原理，有

$$u_- = u_+ = u_i \tag{2-1}$$

公式（2-1）说明运放有共模输入电压，净输入电流为 0，因而 $i_R = i_F$，即

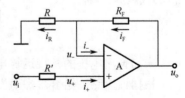

图 2-11 同相比例运算电路 1

$$\frac{u_- - 0}{R} = \frac{u_o - u_-}{R_F} \tag{2-2}$$

由公式（2-1）、公式（2-2）可得

$$u_\text{o} = \left(1 + \frac{R_\text{F}}{R}\right)u_- = \left(1 + \frac{R_\text{F}}{R}\right)u_+ = \left(1 + \frac{R_\text{F}}{R}\right)u_\text{i}$$

反相输入端加直流电压 U_S 的同相比例运算电路如图 2-12 所示。这里的直流电压 U_S 通常为负压，同样用于抬高信号的基线，防止放大后的输出信号出现底部截止失真。

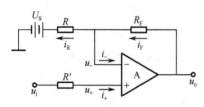

图 2-12 同相比例运算电路 2

根据图 2-12 所示电路，结合"虚短"和"虚断"原理，运放的净输入电压为 0，即

$$u_- = u_+ = u_\text{i} \tag{2-3}$$

公式（2-3）说明运放有共模输入电压，净输入电流为 0，因而 $i_\text{R}=i_\text{F}$，即

$$\frac{u_- - U_\text{S}}{R} = \frac{u_\text{o} - u_-}{R_\text{F}} \tag{2-4}$$

由公式（2-3）、公式（2-4）可得

$$u_\text{o} = -\frac{R_\text{F}}{R}U_\text{S} + \left(1 + \frac{R_\text{F}}{R}\right)u_\text{i}$$

2.2.3 差分比例运算电路

在介绍差分比例运算电路之前，有必要先了解一下叠加定理。叠加定理是指在由线性电阻和多个电源组成的线性电路中，任何一个支路中的电压（或电流）等于各个电源单独作用时，在此支路中所产生的电压（或电流）的代数和。以下介绍电压的叠加，如图 2-13 所示。

在该电路中，各个电源单独作用时，即当 u_i1 单独作用时 u_i2 视为接地，此时电路相当于一个反相比例运算电路，由此可得

$$u_\text{o1} = -\frac{R_\text{F}}{R_1}u_\text{i1}$$

当 u_i2 单独作用时 u_i1 视为接地，此时电路相当于一个同相比例运算电路，由此可得

$$u_\text{o2} = \left(1 + \frac{R_\text{F}}{R_1}\right)u_\text{i2}$$

根据叠加定理的定义，该运算电路的输出 u_o 为 u_i1 和 u_i2 分别单独作用时产生的 u_o1 和 u_o2 的代数和，即

$$u_\text{o} = u_\text{o1} + u_\text{o2} = -\frac{R_\text{F}}{R_1}u_\text{i1} + \left(1 + \frac{R_\text{F}}{R_1}\right)u_\text{i2}$$

未加直流电压的常规运算电路如图 2-14 所示。

根据该电路，结合"虚短"和"虚断"原理可以得出

$$u_- = u_+ = \frac{R'}{R_2 + R'}u_\text{i2} \tag{2-5}$$

$$\frac{u_\text{i1} - u_-}{R_1} = \frac{u_- - u_\text{o}}{R_\text{F}} \tag{2-6}$$

将公式（2-6）转换为

$$u_o = \left(1 + \frac{R_F}{R_1}\right)u_- - \frac{R_F}{R_1}u_{i1} \tag{2-7}$$

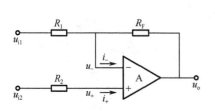

图 2-13　叠加定理应用电路

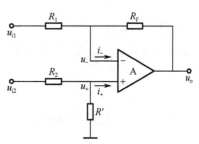

图 2-14　未加直流电压的常规运算电路

将公式（2-5）代入公式（2-7），可以进一步得出

$$u_o = \frac{R'(R_1+R_F)}{R_1(R_2+R')}u_{i2} - \frac{R_F}{R_1}u_{i1} \tag{2-8}$$

假设 $R_1 = R_2 = R$，$R_F = R'$，即可得到差分比例运算电路，如图 2-15 所示。

将 $R_1 = R_2 = R$、$R_F = R'$ 代入公式（2-8），可以进一步得出

$$u_o = \frac{R_F}{R}(u_{i2} - u_{i1})$$

如图 2-16 所示电路是在图 2-14 的基础上加了一个直流电压 U_S。这里的 U_S 同样是为了抬高信号的基线。

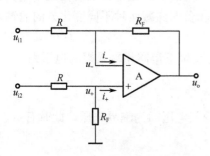

图 2-15　差分比例运算电路 1

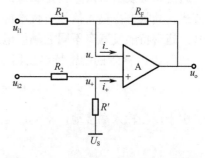

图 2-16　加直流电压的常规运算电路

根据该电路，结合叠加定理以及"虚短"和"虚断"原理，可以得出

$$u_- = u_+ = \frac{R'}{R_2+R'}u_{i2} + \frac{R_2}{R_2+R'}U_S \tag{2-9}$$

$$\frac{u_{i1}-u_-}{R_1} = \frac{u_- - u_o}{R_F} \tag{2-10}$$

将公式（2-10）转换为

$$u_o = \left(1+\frac{R_F}{R_1}\right)u_- - \frac{R_F}{R_1}u_{i1} \tag{2-11}$$

将公式（2-9）代入公式（2-11），可以得出

$$u_o = \frac{R_2(R_1+R_F)}{R_1(R_2+R')}U_S + \frac{R'(R_1+R_F)}{R_1(R_2+R')}u_{i2} - \frac{R_F}{R_1}u_{i1} \qquad (2\text{-}12)$$

假设 $R_1=R_2=R$，$R_F=R'$，即可得到差分比例运算电路，如图 2-17 所示。

将 $R_1=R_2=R$，$R_F=R'$ 代入公式（2-12），可以得出

$$u_o = \frac{R_F}{R}(u_{i2}-u_{i1})+U_S$$

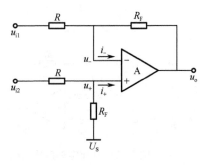

图 2-17 差分比例运算电路 2

2.2.4 运放跟随器电路

运放跟随器电路如图 2-18 所示，由图可得

$$u_+ = u_i$$
$$u_- = u_o$$

由于"虚短"，即 $u_+=u_-$，有

$$u_o = u_i$$

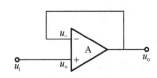

图 2-18 运放跟随器电路

由于运放跟随器电路的输出电压与输入电压不仅幅值相等，而且相位相同，二者之间是一种"跟随"关系，所以该电路又称为电压跟随器。

2.2.5 施密特触发器电路

施密特触发器有两个稳定状态，但与一般触发器不同的是，施密特触发器采用电位触发方式，其状态由输入信号电位维持；对于正向递增和负向递减两种不同变化方向的输入信号，施密特触发器有不同的阈值电压。

在图 2-19 所示的施密特触发器电路中，由叠加定理可求得同相输入端的电压为

$$u_+ = \frac{R_2}{R_1+R_2}u_i + \frac{R_1}{R_1+R_2}u_o$$

由于反相输入端接地，$u_-=0$，当 $u_+=u_-=0$ 时的输入电压即为临界电压，此时有

$$u_i = -\frac{R_1}{R_2}u_o$$

当 u_o 为正饱和状态（$u_o=U_{VCC}$）时，可得下临界电压

$$U_{T-} = -\frac{R_1}{R_2}U_{VCC}$$

当 u_o 为负饱和状态（$u_o=0$）时，可得上临界电压

$$U_{T+} = 0$$

所以在如图 2-20 所示的施密特触发器输入输出波形图中，当 u_i 正向递增到高于 U_{T+} 时，输出电压为

$$u_o = U_{VCC}$$

当 u_i 负向递减到低于 U_{T-} 时，输出电压为

$$u_o = 0$$

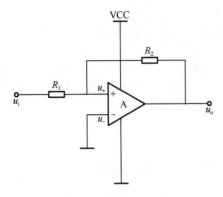
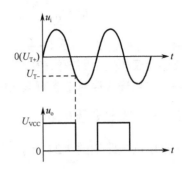

图 2-19 施密特触发器电路　　　　图 2-20 施密特触发器输入输出波形图

2.2.6 仪器仪表放大电路

仪器仪表放大电路如图 2-21 所示，该电路有三个运放，且都接成比例运算电路的形式。电路包含两个放大级，第一级由 A_1 和 A_2 组成，两者均为同相输入，因而输入阻抗很高，第二级 A_3 的输入方式为差分输入。在本电路中，要求以下元器件参数对称：

$$R_1 = R_3, \quad R_4 = R_5, \quad R_6 = R_7$$

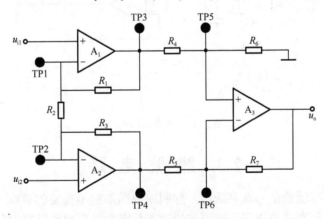

图 2-21 仪器仪表放大电路

由于"虚短"，$u_{i1} = U_{TP1}$，$u_{i2} = U_{TP2}$，且因

$$\frac{U_{TP3} - U_{TP1}}{R_1} = \frac{U_{TP1} - U_{TP2}}{R_2} = \frac{U_{TP2} - U_{TP4}}{R_3}$$

则有

$$U_{TP3} - U_{TP4} = \frac{R_1 + R_2 + R_3}{R_2}(U_{TP1} - U_{TP2}) = \frac{2R_1 + R_2}{R_2}(u_{i1} - u_{i2})$$

第二级差分电路的输入输出关系为

$$u_o = -\frac{R_7}{R_5}(U_{TP4} - U_{TP3}) = \frac{R_7}{R_5}(U_{TP3} - U_{TP4})$$

所以输出 u_o 与输入 u_{i1}、u_{i2} 之间的关系为

$$u_o = \frac{R_7}{R_5}\left[\frac{2R_1+R_2}{R_2}(u_{i1}-u_{i2})\right] = \frac{R_7}{R_5}\left(1+\frac{2R_1}{R_2}\right)(u_{i1}-u_{i2})$$

当 $u_{i1}=u_{i2}=u_{ic}$ 时，由于 $U_{TP1}=U_{TP2}=u_{ic}$，R_2 中的电流为 0，$U_{TP3}=U_{TP4}=u_{ic}$，输出电压 $u_o=0$。所以仪器仪表放大电路放大差模信号、抑制共模信号。差模放大倍数数值越大，共模抑制比就越高。当输入信号中含有共模噪声时，也将被抑制。

2.2.7 基准电压电路

基准电压电路如图 2-22 所示。先通过电阻 R_1 和 R_2 对 u_i 分压得到

$$U_{TP1} = \frac{R_2}{R_1+R_2}u_i$$

再通过电容 C_1 接地消除交流干扰。运放 A 为电压跟随器，输出电压的幅值、相位与输入电压相同，起缓冲隔离的作用。最后即得到稳定的基准电压 U_{VREF}。

$$u_o = U_{VREF} = U_{TP1} = \frac{R_2}{R_1+R_2}u_i$$

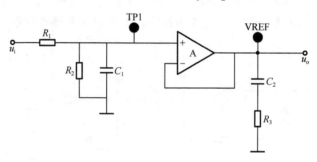

图 2-22 基准电压电路

2.3 滤波电路

允许一定频率范围的信号顺利通过，抑制或削弱那些不需要的频率分量的过程称为滤波。滤波电路具有频率选择作用，在一定的频率范围内具有滤除噪声和分离各种不同信号的功能。分析滤波电路，就是求解电路的频率特性。

2.3.1 无源高通滤波电路

无源高通滤波电路的截止频率为 f_L，频率高于 f_L 的信号能够顺利通过，而频率低于 f_L 的信号则会被衰减。图 2-23 所示的无源高通滤波电路的截止频率计算公式为

$$f_L = \frac{1}{2\pi RC}$$

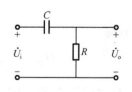

图 2-23 无源高通滤波电路

2.3.2 无源低通滤波电路

无源低通滤波电路的截止频率为 f_H，频率低于 f_H 的信号能够顺利通过，而频率高于 f_H 的信号则会被衰减。图 2-24 所示的无源低通滤波电路的截止频率计算公式为

$$f_H = \frac{1}{2\pi RC}$$

2.3.3 有源一阶低通滤波电路

无源滤波电路的通带放大倍数及其截止频率都随负载而变化，这个缺点通常不符合信号处理的要求，为了使负载不影

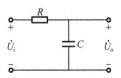

图 2-24 无源低通滤波电路

响滤波特性，可以在无源滤波电路和负载之间加一个高输入电阻、低输出电阻的隔离电路，如最简单地加一个电压跟随器，这样就形成了如图 2-25 所示的有源一阶低通滤波电路。图 2-26 和图 2-27 也是有源一阶低通滤波电路，这两个电路在滤波的同时，还可以进行信号放大。这 3 个电路的截止频率都为

$$f_H = \frac{1}{2\pi RC}$$

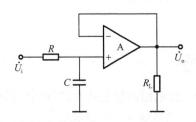

图 2-25 有源一阶低通滤波电路 1

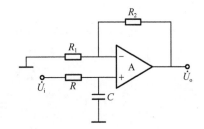

图 2-26 有源一阶低通滤波电路 2

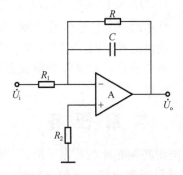

图 2-27 有源一阶低通滤波电路 3

2.4 右腿驱动电路

右腿驱动电路通常用于生物信号放大电路中，以减少共模干扰。心电、脑电或肌电信号十分微小，而且病人的身体也可以作为天线，会使信号受到电磁干扰，特别是 50Hz 的市电干扰，这种干扰可能会掩盖生物信号，使得信号难以测量。因此，可以通过右腿驱动电路来抑制共模干扰信号。右腿驱动电路如图 2-28 所示，其工作原理是：从前置放大电路的增益调节电阻处提取反馈信号，输入到右腿驱动放大电路，进行反相放大后反馈到右腿电极，这会有效地降低共模电压。

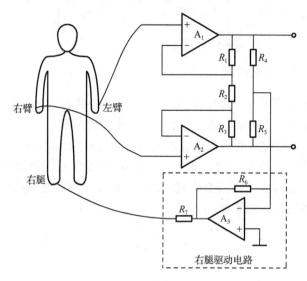

图 2-28 右腿驱动电路

2.5 检波电路

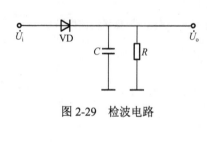

图 2-29 检波电路

在传输低频信号时，通常用高频载波对其调制后再传输。检波电路用于对调制信号解调，以获取信号包络。检波电路如图 2-29 所示，由检波二极管 VD 和 RC 电路组成。$\dot{U}_i$ 为需要解调的调制信号，二极管 VD 的作用是将调制信号中的下半部分信号去掉，留下包络信号上半部分的高频载波信号。RC 电路有两个作用：一是滤除检波电流中的高频分量，二是作为检波器的负载。$\dot{U}_o$ 则是调制信号的包络。

本 章 任 务

1．查找本章电源电路中的电源转换芯片的数据手册，了解它们的特性以及经典电路。
2．通过 Multisim 搭建施密特触发器电路，了解其特性。
3．通过 Multisim 搭建仪器仪表放大电路并计算其放大倍数，然后通过数据计算验证。

本 章 习 题

1．在运算放大器电路中，可通过什么方式提高输出信号的基线？
2．简述运放跟随器电路的作用。
3．简述仪器仪表放大电路的作用。
4．简述有源滤波电路与无源滤波电路的区别。
5．简述右腿驱动电路如何实现降低共模电压。

第3章 基本仪器仪表

著名科学家钱学森对信息技术的定义是信息技术包括测量技术、计算机技术和通信技术。其中，测量技术是关键和基础。在电子电路的学习中，掌握基本电子仪器仪表的测量方法并熟悉其使用操作是非常必要的。一个电路能否正常工作或者性能好坏，都要依据电子仪器仪表的测量，同时，电子仪器仪表在排除电路板故障中也起到了非常重要的作用。本章主要介绍万用表和示波器的使用。

3.1 万 用 表

万用表是常用的电子测量仪器，可以用来测量直流电压和交流电压、直流电流和交流电流、电阻、电容、二极管、通断测试等。

下面以福禄克15B+数字万用表为例，简单介绍其部分功能和使用方法。图3-1是操作面板的说明。

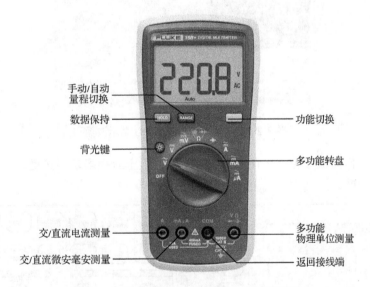

图3-1 福禄克15B+数字万用表（操作面板）

3.1.1 直流电压测量

福禄克15B+数字万用表直流电压挡$\overline{V}$量程为0~1000V。测量直流电压时，如测量3.3V电压时，首先将黑表笔插入COM插孔，红表笔插入多功能物理单位测量端插孔，然后将多功能转盘转到直流电压挡$\overline{V}$量程上，再将黑表笔金属头接地、红表笔金属头接3.3V电压测试点，此时在屏幕上即可看到测量结果。

3.1.2 通断测试

测量电路板短路或者线路通断，都需要断电测量。将黑表笔插入COM插孔，红表笔插入多功能物理单位测量端插孔,然后将多功能转盘转到电阻挡,按下功能切换键切换到通断性蜂鸣器,将红黑表笔金属头相互接触,如果有蜂鸣声则说明挡位正常。然后用红黑表笔金属头各测被测线路的一端,如果有蜂鸣声,则说明这两个测试点之间是连通的,如果万用表读数为 0L,则说明电路断路。

3.2 示 波 器

示波器是一种用途广泛的电子测量仪器,它可以将电信号转换成看得见的图像。利用示波器可以观察各种信号波形,还可以测量各种参数,如电压幅度、频率、周期等。

下面以泰克的 TDS 1012C-EDU 型示波器为例介绍示波器的简单使用。该示波器如图 3-2 所示。

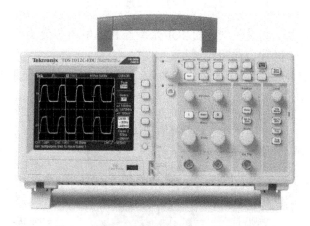

图 3-2　泰克 TDS 1012C-EDU 型示波器

该示波器操作面板如图 3-3 所示,其中右侧面板上有很多功能按键,下面简单介绍部分常用按键的功能。

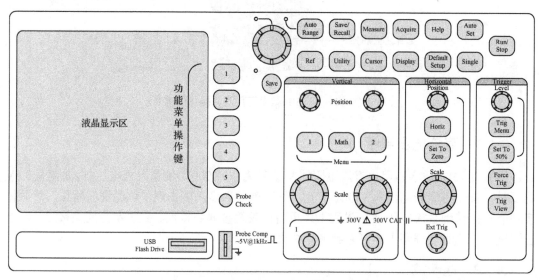

图 3-3　泰克 TDS 1012C-EDU 型示波器操作面板

Run/Stop 键：示波器连续采集波形/示波器停止采集波形。如果想要静止观察某一波形时，可按该按键暂停，再按一次该按键就会继续采集波形。

Auto Set 键：按下 Auto Set 键时，示波器自动识别波形的类型并调整控制方式，显示出相应的输入信号。

Help 键：按下 Help 键会显示示波器的帮助系统，它涵盖了示波器的所有功能。在帮助系统里提供了多种方法来查找所需要的信息，具体可按提示进行操作。

Acquire 键：按下 Acquire 键会调出设置采集参数界面，如采样、峰值检测、平均值和平均次数等参数设置。

Measure 键：一共有 11 种类型可以选择，包括频率、周期、平均值、峰峰值、均方根值、最小值、最大值、上升时间、下降时间、正频宽和负频宽，一次最多可以显示 5 种。

例如，示波器通道 CH1 接入频率为 1kHz、幅值为 4V 的正弦波信号，然后按 Measure 键，通过屏幕右侧的功能菜单操作键选择通道为 CH1，并选择相应的测量参数，即可得到该正弦波的测量信息，如图 3-4 所示。

Cursor 键：显示测量光标和光标菜单，通过多用途旋钮改变光标的位置，如幅度、时间和信源。

按 Cursor 键之后，会看到屏幕上出现了两条虚线，按屏幕右侧的功能菜单操作键选择类型为幅度或时间，然后选择相应的信源，此处选择 CH1，选中光标 1 或者光标 2，通过旋转多用途旋钮，可以调整光标的位置，然后对信号的幅度进行测量，光标 1 测量的结果为-2.08V，光标 2 测量的结果为 2.04V，如图 3-5 所示。

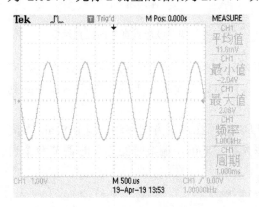 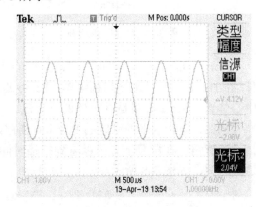

图 3-4　Measure 按键菜单示例　　　　　　图 3-5　光标测量示例

Save/Recall 键：存储示波器设置、屏幕图像或波形，或者调出示波器设置或波形，包含多个子菜单，如全存储、存图像、存设置、存波形、调出设置和调出波形。

此处以存储图像到 USB 闪存为例，在 USB/Flash Drive 处插入 USB 闪存，此时屏幕上会出现存储菜单，选择对应的操作，然后按"储存"右边的功能按键，菜单栏会变成一个时钟图像，存储的时间可能会比较长，待菜单栏恢复原始状态即说明保存成功，保存好的图像如图 3-6 所示。

多用途旋钮：多用途旋钮处于活动状态时，其旁边的 LED 灯会点亮，该旋钮可以在示波器的多个功能菜单中使用，比较常用的是在 Cursor（光标）菜单中。

Save 键：可以保存图像、设置、波形等，旁边的 LED 灯提示（点亮）可将数据存储到 USB 闪存中。

Vertical（垂直控制区）：Position 的两个旋钮分别控制 CH1 通道和 CH2 通道的波形位置，可以在垂直方向移动；按 CH1 Menu 按键或 CH2 Menu 按键可以调出菜单，内含耦合方式、带宽限制、探头增益选择等选项；按 Math 按键可以对通道 CH1 和通道 CH2 的信号进行计算操作。Math 按键下的两个旋钮分别是通道 CH1 和通道 CH2 的电压挡位调整旋钮。

例如，通道 CH1 和通道 CH2 同时输入频率为 1kHz、幅值为 4V 的正弦波信号，通过调节通道 CH1 和通道 CH2 的 Position 旋钮，可以调节波形在垂直方向的位置。在屏幕下方可以看到，通过旋转电压挡位调整旋钮，可以设置通道 CH1 在屏幕上显示纵坐标的每格电压值为 1V、通道 CH2 为每格 2V，如图 3-7 所示。

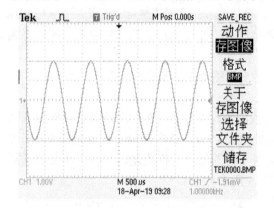

图 3-6　存储图像示例　　　　图 3-7　调节波形垂直方向位置示例

Horizontal（水平控制区）：Position 旋钮是用来控制波形位置的，可以将其在水平方向移动；Horiz 按键是水平扫描菜单；Set to Zero 按键可以让显示屏上方的时间指示箭头回到中心位置；Scale 旋钮是时间挡调节旋钮。

例如，旋转水平控制区的 Position 旋钮，可以将波形在水平方向移动。调节 Scale 时间挡调节旋钮，在屏幕下方可以看到扫描时间为每大格 250μs，调节时间是同时调节两个通道的时间，如图 3-8 所示。

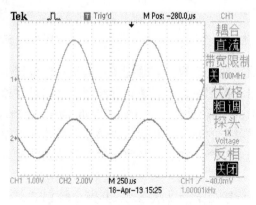

图 3-8　调节波形水平方向位置示例

Trigger（触发控制区）：当触发调节不当时，显示的波形将出现不稳定的现象。所谓波形不稳定是指波形左右移动不能停止在屏幕上或者多个波形交织在一起，无法清楚显示。Level 旋钮是调整触发电平旋钮；Trig Menu 按键是触发菜单键，可以选择触发源为 CH1 或 CH2；按 Set To 50%按键可以使触发电平自动调整到被测电压值的中点，从而使波形稳定。

本 章 任 务

1．用万用表分别测量阻值不同的电阻，将测量结果与电阻上标称的阻值进行对比并分析其中的差异。

2．用万用表测量红色发光二极管，挡位拨到二极管挡（蜂鸣挡），红表笔测量正极，黑表笔测量负极，观察发光二极管的反应和万用表屏幕显示的数值；然后再测量蓝色、绿色和黄色发光二极管，并得出结论。

3．用信号发生器分别输出频率为 1kHz、幅度不同的正弦波，分别用万用表的直流电压挡和交流电压挡测量并分析结果。

4．用信号发生器分别输出频率为 1kHz、幅度为 1V 的不同波形（方波、三角波、正弦波）信号，分别用万用表的直流电压挡和交流电压挡测量并分析结果。

5．用信号发生器分别在通道 CH1 和通道 CH2 输入频率为 1kHz、幅度为 4V 的正弦波，如何使两个通道的波形反相？对反相后的信号进行相加、相减和相乘操作，观察计算后的波形变化，并得出幅度值。

6．接入一个稳定的被测信号，用光标手动测量信号的电压参数和时间参数。

本 章 习 题

1．万用表可以测量哪些参数？各个参数的测量范围是多少？
2．如何用万用表测量晶体三极管？如何判断晶体三极管的型号以及优劣？
3．示波器的工作原理是什么？
4．什么是触发？触发的方式有哪几种？
5．示波器或示波器探头上有×1 挡和×10 挡，这两个挡位有什么区别？在测量一个信号时该如何选择？

第 4 章 软件安装与使用

本章主要介绍在进行电路分析以及电路板实测时所用到的软件的安装及简单操作。Multisim 主要用于搭建电路原理图,并对电路进行仿真;Microsoft .NET Framework 提供 LY-E501 医学信号采集软件运行的环境;蓝牙驱动程序提供蓝牙连接的环境;LY-E501 医学信号采集软件对各医学信号进行采集和分析。

4.1 Multisim 14.0 的安装

4.1.1 Multisim 14.0 安装过程

将下载好的 Multisim 14.0 安装包解压到 D 盘,然后双击打开 autorun.exe 应用程序。在弹出的对话框中单击 Install NI Circuit Design Suite 14.0,如图 4-1 所示。

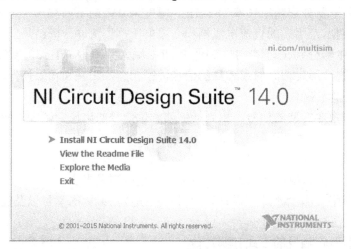

图 4-1 Multisim 14.0 安装步骤 1

选择 Install this product for evaluation,然后单击 Next 按钮。之后一直单击 Next 按钮,直到安装完成。然后在如图 4-2 所示的对话框中,单击 Restart Later 按钮。

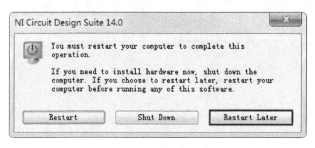

图 4-2 Multisim 14.0 安装步骤 2

4.1.2　Multisim 14.0 配置

在解压出的文件夹中双击打开 NI License Activator 1.2.exe 应用程序。

在弹出如图 4-3 所示的对话框中选择 Base Edition，然后单击鼠标右键选择 Activate…。依次对 Full Edition、Power Pro Edition 进行相同操作。

图 4-3　Multisim 14.0 配置步骤 1

最后得到如图 4-4 所示结果，然后关闭该窗口即可完成配置。

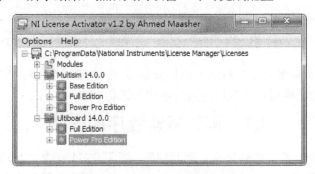

图 4-4　Multisim 14.0 配置步骤 2

4.2　Microsoft .NET Framework 4.5.2 的安装

打开 LY-E501 医学信号采集软件的 Debug 文件夹，运行 AlgorithmAnalysis.exe 应用程序。若可直接打开软件则忽略本节内容，若弹出如图 4-5 所示的对话框，则说明计算机中没有安装 Microsoft .NET Framework 文件，可单击"是（Y）"按钮并按照以下步骤下载安装。

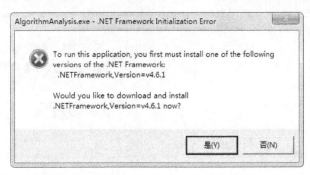

图 4-5　Microsoft .NET Framework 安装步骤 1

随后会跳转到 Microsoft 官网，单击右上角的 "All Microsoft"，如图 4-6 所示。

在如图 4-7 所示的下拉菜单中，选择 Developer & IT 栏下的.NET 文件。

然后单击 Download 按钮，在弹出如图 4-8 所示的网页后，单击 Download .NET Framework Runtime 按钮。

图 4-6　Microsoft .NET Framework 安装步骤 2

图 4-7　Microsoft .NET Framework 安装步骤 3

图 4-8　Microsoft .NET Framework 安装步骤 4

下载保存 Microsoft .NET Framework 安装文件并完成安装。安装成功后，运行 AlgorithmAnalysis.exe 应用程序即可进入医学信号采集软件。

4.3　蓝牙驱动程序的安装

在连接蓝牙之前，需要先安装蓝牙驱动程序。解压 CP210x_Windows_Drivers 压缩包并打开此文件夹，运行 CP210xVCPInstaller_x64.exe，在如图 4-9 所示的对话框中，单击 "下一步（N）" 按钮。

在如图 4-10 所示的对话框中选择 "我接受这个协议（A）"，然后单击 "下一步（N）" 按钮。

图 4-9　蓝牙驱动程序安装步骤 1

图 4-10　蓝牙驱动程序安装步骤 2

等待驱动程序安装成功后，会弹出如图 4-11 所示的对话框，单击“完成”按钮结束安装。

CP210x USB to UART Bridge Driver Installer
Completing the Installation of the CP210x USB to UART Bridge Driver
此计算机上成功地安装了此驱动程序。
现在您可以将设备连接到此计算机。如果此设备附有说明，请先阅读。
驱动程序名
状态
Silicon Laboratori...
可以使用了
< 上一步(B)
完成
取消

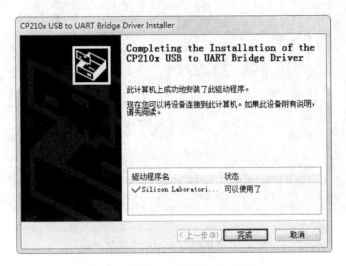

图 4-11　蓝牙驱动程序安装步骤 3

4.4　LY-E501 医学信号采集软件操作

首先打开医学电子学配套资料包中“02.相关软件”文件夹里的 LY-E501 医学信号采集软件，如图 4-12 所示。

软件打开后如图 4-13 所示。

将体温模块板安装在医学电子学设备上，长按医学电子学设备的左边按钮打开设备的电源开关，如图 4-14 所示。

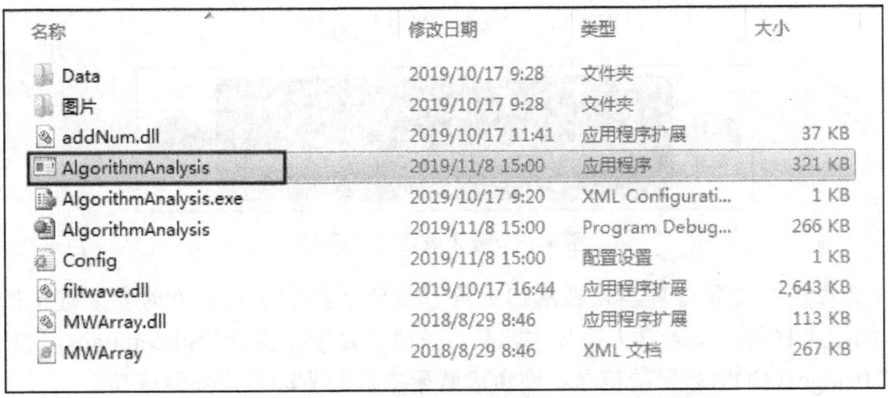

名称
修改日期
类型
大小
Data
2019/10/17 9:28
文件夹
图片
2019/10/17 9:28
文件夹
addNum.dll
2019/10/17 11:41
应用程序扩展
37 KB
AlgorithmAnalysis
2019/11/8 15:00
应用程序
321 KB
AlgorithmAnalysis.exe
2019/10/17 9:20
XML Configurati...
1 KB
AlgorithmAnalysis
2019/11/8 15:00
Program Debug...
266 KB
Config
2019/11/8 15:00
配置设置
1 KB
filtwave.dll
2019/10/17 16:44
应用程序扩展
2,643 KB
MWArray.dll
2018/8/29 8:46
应用程序扩展
113 KB
MWArray
2018/8/29 8:46
XML 文档
267 KB

图 4-12　LY-E501 医学信号采集软件应用程序

将蓝牙主机插入计算机的 USB 口，待蓝牙的主机与从机配对连接之后，医学电子学设备的屏幕上会显示蓝牙成功连接标志，如图 4-15 所示。

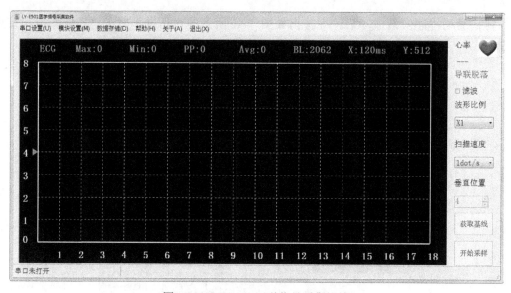

图 4-13　LY-E501 医学信号采集软件

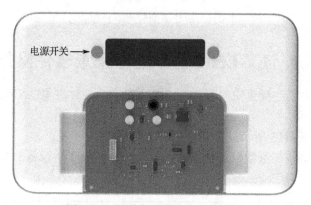

图 4-14　医学电子学设备电源开关

图 4-15　蓝牙成功连接标志

打开计算机的设备管理器，在端口处查看蓝牙连接的串口，此时蓝牙连接的串口是 COM3，如图 4-16 所示。若插入蓝牙主机后，在端口处没有显示"Silicon Labs CP210x USB to UART Bridge（COM3）"的信息，则考虑蓝牙主机的驱动是否安装成功。

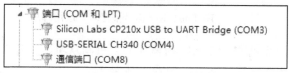

图 4-16　设备管理器中查看串口

菜单栏功能

1. 串口通信

单击 LY-E501 医学信号采集软件主界面菜单栏的"串口设置（U）"之后，系统会弹出串口设置对话框，如图 4-17 所示。单击"串口号"的下拉箭头，系统会对计算机上所有串口进行扫描，并将扫描到的有效串口号添加至下拉框供用户选择。单击"波特率"的下拉箭头，可以选择不同的波特率，可选的波特率包括 4800baud、9600baud、14400baud、19200baud、56000baud 和 115200baud。LY-E501 医学信号采集软件默认的波特率为 115200baud、数据位为 8、停止位为 1、校验位为 NONE。

串口参数选择完成之后，单击"打开串口"按钮，按钮名切换为"关闭串口"，如图 4-18 所示。单击串口设置对话框右上角的关闭按钮，系统返回到主界面。此时，串口已经打开，医学电子学设备与 LY-E501 医学信号采集软件之间可以正常通信。

图 4-17　串口设置对话框（串口关闭状态）　　图 4-18　串口设置对话框（串口打开状态）

2. 模块设置

如果串口已经处于打开状态，LY-E501 医学信号采集软件界面会根据医学电子学设备上连接的模块板自动跳转至对应的信号采集模块，如自动跳转至体温信号采集模块，如图 4-19 所示。

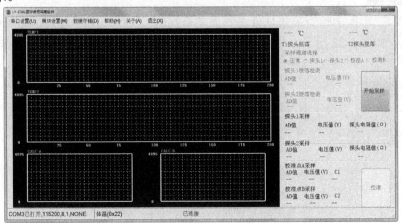

图 4-19　体温信号采集模块界面

若 LY-E501 医学信号采集软件界面没有自动跳转，则可以通过"模块设置（M）"选择对应的模块，如图 4-20 所示。

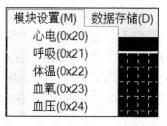

图 4-20　模块设置

3．数据存储

单击 LY-E501 医学信号采集软件主界面菜单栏的"数据存储（D）"之后，系统会弹出数据存储对话框，如图 4-21 所示。在数据存储对话框中用户可以选择数据存储路径，勾选"保存数据"，然后再单击"确定"按钮，系统会返回到主界面，从机发送到 LY-E501 医学信号采集软件中的数据会自动保存到用户选择的存储路径。如果不需要保存数据，取消勾选"保存数据"即可。

每次保存的数据会存放在 Excel 表格中，可以通过 Excel 表格对数据进行分析。

图 4-21　数据存储对话框

4．帮助界面

单击 LY-E501 医学信号采集软件主界面菜单栏的"帮助（H）"之后，系统会弹出"帮助"对话框，如图 4-22 所示。用户可以按照帮助对话框中的提示进行各项操作。

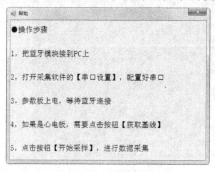

图 4-22　"帮助"对话框

本 章 任 务

完成本章学习后，在自己的计算机上完成 Multisim14.0、Microsoft .NET Framework 4.5.2 和蓝牙驱动软件的安装，并以体温模块为例，使 LY-E501 医学信号采集软件和医学电子学设备成功连接通信。

本 章 习 题

1. 简述各软件的作用。
2. 简述 LY-E501 医学信号采集软件所能实现的功能。

第5章 体温测量电路设计实验

5.1 实验内容

本章将学习体温参数的医学临床意义，了解各种体温测量方法，并对比这些方法的差异和优缺点，理解体温测量原理和电路设计原理，掌握体温测量电路理论推导、仿真和实测。通过学习要掌握以下几点：①热敏电阻温度传感器的工作原理；②体温测量电路设计原理；③体温信号处理；④自行设计出各项参数可控的简易体温测量电路。

5.2 体温测量原理

体温是指人体内部的温度，是物质代谢转化为热能的产物。人体的一切生命活动都是以新陈代谢为基础的，而恒定的体温则是保证新陈代谢和生命活动正常进行的必要条件。体温过高或过低，都会影响酶的活性，从而影响新陈代谢的正常运行，使各种细胞、组织和器官的功能发生紊乱，严重时还会导致死亡。可见，体温的相对稳定，是维持机体内环境稳定、保证新陈代谢等生命活动正常进行的必要条件。

正常人体体温不是一个具体的温度点，而是一个温度范围。临床上所指的体温是指平均深部温度。一般以口腔、直肠和腋窝的体温为代表，其中直肠体温最接近深部体温。正常值：口腔舌下温度为36.3～37.2℃，直肠温度36.5～37.7℃比口腔温度高（0.2～0.5℃），腋下温度为36.0～37.0℃。体温会因年龄、性别等的不同而在较小的范围内变动。新生儿和儿童的体温稍高于成年人；成年人的体温稍高于老年人；女性的体温平均比男性高0.3℃。同一个人的体温，一般清晨2～4时最低，14～20时最高，但体温的昼夜差别不超过1℃。

常见的体温测量方法有三种：水银体温计、热敏电阻电子体温计和非接触式红外体温计。

水银体温计虽然价格便宜但是有诸多弊端。首先，水银体温计遇热或安置不当容易破裂；其次，人体接触水银后会中毒；最后，采用水银体温计测温需要相当长的时间（5～10min），使用不便。

热敏电阻通常用半导体材料制成，体积小，而且热敏电阻的阻值随温度变化十分灵敏，因此被广泛应用于温度测量、温度控制等。热敏电阻电子体温计具有读数方便、测量精度高、能记忆、有蜂鸣器提示和使用安全方便等优点，特别适合家庭、医院等场合使用。但采用热敏电阻电子体温计测温也需要较长的时间。

非接触式红外体温计是根据辐射原理通过测量人体辐射的红外线而测量温度的，它实现了体温的快速测量，具有稳定性好、测量安全、使用方便等特点。但非接触式红外体温计价格较高、功能较少、精度不高。

本实验以热敏电阻为测温元件，实现了一定范围内对温度的精确测量。

体温测量过程中的电学量是电阻，因此，只要能够计算出电阻值，就能推算出温度值。下面依次介绍热敏电阻、体温探头和温度特性曲线。

5.2.1 热敏电阻

热敏电阻是一种电阻式温度传感器,按照温度系数不同分为正温度系数热敏电阻器(PTC)和负温度系数热敏电阻器(NTC),它们同属于半导体器件。

热敏电阻器的典型特点是对温度敏感,不同温度下表现出不同的电阻值。正温度系数热敏电阻器就是温度升高,阻值增大;负温度系数热敏电阻器则是温度升高,阻值减小。在测温领域通常都采用负温度系数热敏电阻器,也就是常说的NTC,由于负温度系数热敏电阻器的线性度较好,在测量中引起的误差小,所以使用最广泛。

5.2.2 体温探头

体温探头按照测量的部位可以分为体表和体腔两类;按照标称阻值 R_c 的不同,可以分为 CY 型和 YSI 型两类。标称阻值 R_c 一般指环境温度为 25℃时热敏电阻器的实际电阻值。对于 CY 型探头而言,R_c=10kΩ;对于 YSI 型探头而言,R_c=2.25kΩ。本实验中的体温电路板选择的探头类型为 YSI 型。

5.2.3 温度特性曲线

本实验使用的是 YSI 型探头,YSI 型探头的温度特性曲线如图 5-1 所示。横轴表示温度值,单位为 0.1℃;纵轴表示热敏电阻阻值,单位为 0.1Ω。从图 5-1 可以得出这样的结论:温度越高,阻值越低。例如,横轴 250 对应纵轴的 22 530,即 25℃对应 2253Ω,约为 2.25kΩ。温度曲线的横轴温度值和纵轴电阻值的具体取值可参见附录 A 的体温探头阻值表。

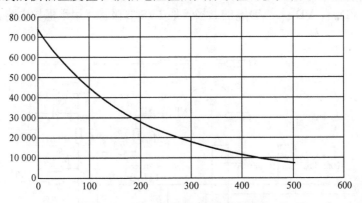

图 5-1 YSI 型探头的温度特性曲线

5.3 体温测量电路设计

5.3.1 体温测量电路设计思路

体温测量电路按照功能可以分为 3 个部分,分别是体温通道选择电路、体温信号处理电路以及探头连接检测电路。体温测量的电路结构图如图 5-2 所示。

体温通道选择电路:由单片机控制四个通道,分别是体温探头 1 通道、体温探头 2 通道、校准 A 点通道和校准 B 点通道,而且每次只能打开其中 1 个通道,其余通道关闭。

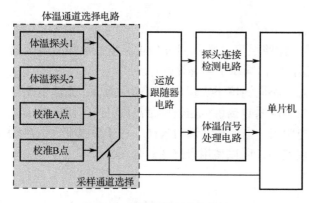

体温信号处理电路：主要用于放大信号，经过处理后的信号被单片机采集。

探头连接检测电路：用于判断实际测量体温时是否接入体温探头，探头连接或不连接的电平信号会被单片机采集判断，从而保证体温测量正常进行。

5.3.2 电源电路

体温测量电路的电源转换电路有 VIN 转 7.5V 电路、7.5V 转 5V 电路和

图 5-2 体温测量电路结构图

5V 转 3.3V 电路。电源转换电路具体分析可参考 2.1 节。

5.3.3 体温通道选择电路

体温通道选择电路如图 5-3 所示，体温电路板的探头有 2 个，体温探头 1 通过 TEMP_EXT1 和 TEMP_EXT2 端口连接到体温电路板，体温探头 2 通过 TEMP_EXT3 和 TEMP_EXT4 端口连接到体温电路板。体温通道选择电路包含 4 个控制端口，分别是校准 A 点采样开关 TEMP_PA、校准 B 点采样开关 TEMP_PB、体温探头 1 采样开关 TEMP_SENS1 和体温探头 2 采样开关 TEMP_SENS2。在体温测量过程中，每次只能有 1 个开关打开，其余 3 个开关必须处于关闭状态。在体温通道选择电路中，标号为 C_{111}、C_{112}、C_{116}、C_{117} 的电容用于消除噪声；标号为 VD_{103}、VD_{104}、VD_{105}、VD_{106} 的二极管是 TVS 二极管，用于保护电路。

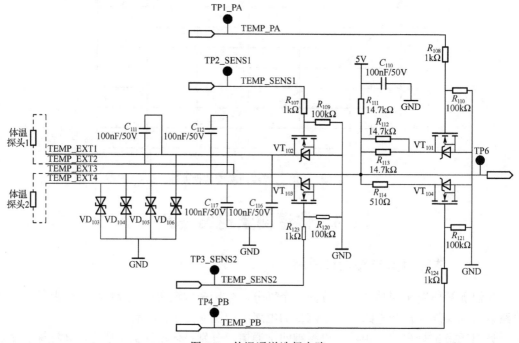

图 5-3 体温通道选择电路

体温通道选择电路中有多处用到了 NMOS 晶体管控制电路，如图 5-4 所示。

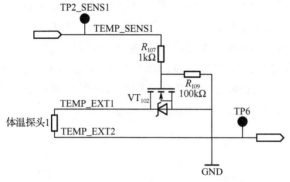

图 5-4　NMOS 晶体管控制电路

端口 TEMP_SENS1 连接体温探头 1 的一端。当 TEMP_SENS1 为高电平（3.3V）时，NMOS 晶体管栅极 G 与源极 S 之间的电压为

$$U_{GS} = U_{TP2} \times \frac{R_{109}}{R_{107} + R_{109}} = 0.99 U_{TP2}$$

通常 NMOS 晶体管的导通电压在 2~4V 之间，最低为 2V 左右，所以此时 NMOS 晶体管 VT_{102} 导通，TEMP_EXT1 接地。电路中其他 NMOS 晶体管控制电路原理与此类似。

（1）如图 5-3 所示，当 TEMP_SENS1 为高电平时，标号为 VT_{102} 的 MOS 晶体管导通，体温探头 1 的一端（TEMP_EXT1）连接 GND，另一端（TEMP_EXT2）连接到标号为 R_{111} 的 14.7kΩ 电阻，14.7kΩ 电阻另外一端连接到 5V。因此，测试点 TP6 的测量值即为体温探头 1 上的分压值，如图 5-5 所示。

（2）如图 5-3 所示，当 TEMP_SENS2 为高电平时，标号为 VT_{103} 的 MOS 晶体管导通，体温探头 2 的一端（TEMP_EXT4）连接 GND，另一端（TEMP_EXT3）连接到标号为 R_{111} 的 14.7kΩ 电阻，14.7kΩ 电阻另外一端连接到 5V。因此，测试点 TP6 的测量值即为体温探头 2 上的分压值，如图 5-6 所示。

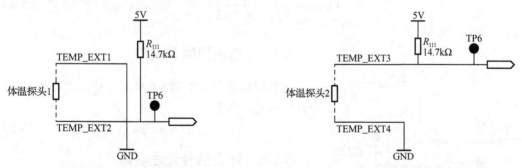

图 5-5　体温通道 1 采样等效电路图　　　　图 5-6　体温通道 2 采样等效电路图

（3）如图 5-3 所示，当 TEMP_PA 为高电平时，标号为 VT_{101} 的 MOS 晶体管导通，标号为 R_{112} 和 R_{113} 的电阻并联，并联后，一端接 GND，另一端连接到标号为 R_{111} 的 14.7kΩ 电阻，14.7kΩ 电阻另外一端连接到 5V。因此，测试点 TP6 的测量值即为体温校准 A 点的分压值，如图 5-7 所示。

此处使用两个 14.7kΩ 电阻并联，而非使用一个 7.35kΩ 电阻有两个原因：一是电路中多处使用到 14.7kΩ 电阻，用两个 14.7kΩ 电阻并联替代一个 7.35kΩ 电阻，可以减少物料的种类，有利于生产；二是 14.7kΩ 电阻是常用电阻，比 7.35kΩ 电阻容易购买。

（4）如图 5-3 所示，TEMP_PB 为体温校准 B 点采样开关，只有当 TEMP_PB 为高电平时，标号为 VT_{104} 的 MOS 晶体管导通，标号为 R_{114} 的 510Ω 电阻一端接 GND，另一端连接到标号为 R_{111} 的 14.7kΩ 电阻，14.7kΩ 电阻另外一端连接到 5V。因此，测试点 TP6 的测量值即为体温校准 B 点的分压值，如图 5-8 所示。

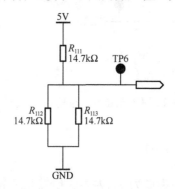
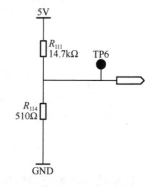

图 5-7　体温校准 A 点采样等效电路图　　图 5-8　体温校准 B 点采样等效电路图

体温校准 A 点和 B 点设计的阻值分别为 7.35kΩ 和 510Ω，通过查看附录 A 的体温探头阻值表，可以发现当温度为 0.1℃时，对应的 YSI 阻值约为 7.35kΩ，这是上限；510Ω 主要是为了校零使用，因为单片机检测需要电压，电阻取值太小则检测到的电压误差大，所以该阻值也可以设计得更大一些，并不是非 510Ω 不可，但是在体温阻值表格中，50.2℃对应阻值约为 807Ω，建议取值比 807Ω 小一些即可。

通过以上分析，可以推导出 U_{TP6} 的计算公式，依照 YSI 探头类型推导如下（需要注意，R_{YSI} 的单位为 kΩ）：

$$U_{TP6} = \frac{R_{YSI}}{R_{YSI} + 14.7\text{k}\Omega} \times 5\text{V} \tag{5-1}$$

5.3.4　运放跟随器电路

运放跟随器电路如图 5-9 所示，输入信号和输出信号几乎相等，故有

$$U_{TP6} \approx U_{TP8} \tag{5-2}$$

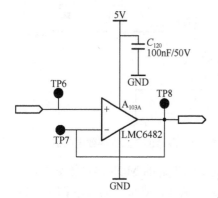

图 5-9　运放跟随器电路

5.3.5　体温信号处理电路

体温信号处理电路如图 5-10 所示，该电路主要用于放大信号和分压处理，由同相比例运算电路和钳位二极管电路组成。下面分析同相比例运算电路和钳位二极管电路以及体温信号的计算过程。

第 5 章 体温测量电路设计实验

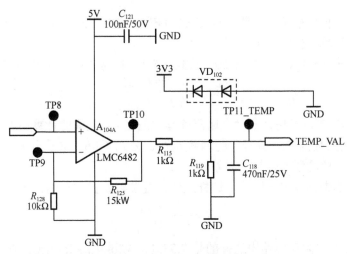

图 5-10 体温信号处理电路

(1) 同相比例运算电路如图 5-11 所示。该电路对输入信号 U_{TP8} 进行放大,放大倍数为

$$\frac{U_{TP10}}{U_{TP8}} = 1 + \frac{R_{125}}{R_{128}} = 1 + \frac{15\text{k}\Omega}{10\text{k}\Omega} = 2.5$$

$$U_{TP10} = \left(1 + \frac{15\text{k}\Omega}{10\text{k}\Omega}\right) \times U_{TP8} = 2.5 U_{TP8} \tag{5-3}$$

(2) 钳位二极管电路如图 5-12 所示。U_{TP8} 被放大 2.5 倍之后,U_{TP10} 有可能超出单片机的耐压值,所以还需要经过电阻 R_{115} 和电阻 R_{119} 对 U_{TP10} 进行分压,U_{TP11} 为

$$U_{TP11} = \frac{R_{119}}{R_{115} + R_{119}} \times U_{TP10} = \frac{1\text{k}\Omega}{1\text{k}\Omega + 1\text{k}\Omega} \times U_{TP10} = 0.5 U_{TP10} \tag{5-4}$$

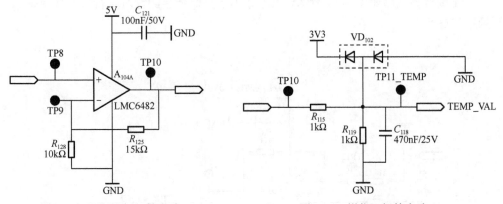

图 5-11 同相比例运算电路　　　　图 5-12 钳位二极管电路

当 $0.5U_{TP10}>3.3\text{V}+0.7\text{V}$,即 $U_{TP10}>8\text{V}$ 时,VD_{102} 左边的二极管导通,而二极管的压降约为 0.7V,测试点 TP11_TEMP 的电压为

$$U_{TP11} = 3.3\text{V} + 0.7\text{V} = 4\text{V}$$

当 $0.5U_{TP10}<-0.7\text{V}$,即 $U_{TP10}<-1.4\text{V}$ 时,VD_{102} 右边的二极管导通,测试点 TP11_TEMP 的电压为

$$U_{TP11} = -0.7\text{V}$$

所以，通过钳位二极管可将测试点 TP11_TEMP 的电压控制在-0.7~4V 的范围内，这样就可以起到保护单片机的作用。

（3）通过公式（5-1）、公式（5-2）、公式（5-3）和公式（5-4）可以推算出

$$R_{\text{YSI}} = \frac{14.7 \times U_{\text{TP11}}}{6.25 - U_{\text{TP11}}} \tag{5-5}$$

从公式（5-5）可以看出，热敏电阻阻值与电压 U_{TP11} 之间的计算还涉及两个系数，设分子上 U_{TP11} 前的系数为 C_1，分母上的系数为 C_2。公式（5-5）推导出来的是理论值，即没有考虑到电阻和运放的温漂带来的误差。

下面通过校准来推算出实际值，这样就使得温度测量更加准确。设

$$R = \frac{C_1 \cdot U_{\text{TP11}}}{C_2 - U_{\text{TP11}}} \tag{5-6}$$

校准电路 A 的电阻在电路中选择的是 7.35kΩ，校准电路 B 的电阻在电路中选择的是 510Ω。因此，对 A 点进行校准时，R=7.35kΩ，U_{TP11} 可以通过 AD 采样得出；对 B 点进行校准时，R=510Ω，U_{TP11} 依然可以通过 AD 采样得出。分别对 A 点和 B 点采样，就可以得到一个方程组算出 C_1 和 C_2。于是有

$$7.35\text{k}\Omega = \frac{C_1 \cdot U_{\text{TP11\_A}}}{C_2 - U_{\text{TP11\_A}}} \tag{5-7}$$

$$510\Omega = \frac{C_1 \cdot U_{\text{TP11\_B}}}{C_2 - U_{\text{TP11\_B}}} \tag{5-8}$$

5.3.6 探头连接检测电路

探头连接检测电路如图 5-13 所示，该电路用于判断体温测量时是否接入体温探头，保证测量正常进行。

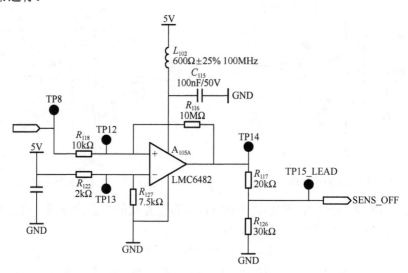

图 5-13 探头连接检测电路

该电路由施密特触发器组成,通过比较 U_{TP12} 与 U_{TP13},然后测试 U_{TP14} 是高电平还是低电平来判断体温探头是否连接。

施密特触发器是一种波形整形电路,当任何波形的信号进入电路时,输出都会在正、负饱和之间跳动,产生方波或脉波输出。

下面计算分析探头连接检测电路,由叠加定理可知

$$U_{TP12} = \frac{10\text{M}\Omega}{10\text{M}\Omega + 10\text{k}\Omega} \times U_{TP8} + \frac{10\text{k}\Omega}{10\text{M}\Omega + 10\text{k}\Omega} \times U_{TP14} \approx U_{TP8} + 0.001U_{TP14} \quad (5\text{-}9)$$

$$U_{TP13} = \frac{7.5\text{k}\Omega}{7.5\text{k}\Omega + 2\text{k}\Omega} \times 5\text{V} = 3.95\text{V}$$

当 $U_{TP12}=U_{TP13}=3.95\text{V}$ 时的输入电压为临界电压,将 $U_{TP12}=3.95\text{V}$ 代入公式(5-9),可得

$$U_{TP8} \approx 3.95 - 0.001U_{TP14}$$

当 U_{TP14} 为负饱和状态($U_{TP14(MIN)}=0$)时,可得上临界电压

$$U_{TH} \approx 3.95 - 0.001 \times 0 = 3.95\text{V}$$

当 U_{TP14} 为正饱和状态($U_{TP14(MAX)}=5\text{V}$)时,可得下临界电压

$$U_{TL} \approx 3.95 - 0.001 \times 5 = 3.945\text{V}$$

当探头未接入时,输入电压 $U_{TP8}=5\text{V}>U_{TH}$,输出电压 U_{TP14} 为 5V;当探头接入时,输入电压 $U_{TP8}<U_{TL}$,输出电压 U_{TP14} 为 0V。

U_{TP14} 为 5V 时,会超出单片机的耐压范围,所以还需要经过电阻 R_{117} 和电阻 R_{126} 对 U_{TP14} 进行分压。因此,U_{TP15} 为

$$U_{TP15} = \frac{30\text{k}\Omega}{30\text{k}\Omega + 20\text{k}\Omega} \times U_{TP14} = 0.6U_{TP14}$$

5.4 体温测量电路仿真

5.4.1 NMOS 晶体管控制电路仿真

在 Multisim 环境下,搭建如图 5-14 所示的 NMOS 晶体管控制电路。记录开关 S1 断开与闭合两种情况下万用表 XMM1 测得的电压值,并填写在表 5-1 中。结合 NMOS 晶体管控制电路的工作原理,解释万用表 XMM1 测得的电压值由来。

表 5-1 万用表 XMM1 的电压测量值

序 号	1	2
开关 S1	断开	闭合
V_o/mV		
NMOS 晶体管是否导通		

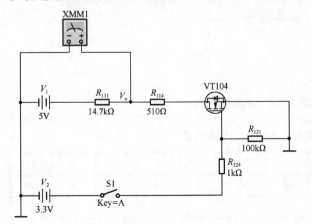

图 5-14 NMOS 晶体管控制电路

5.4.2 钳位二极管电路仿真

为了更清晰地了解钳位二极管的作用，搭建如图5-15所示的未加钳位二极管的电路。在仿真过程中改变滑动变阻器 R_4 的百分比，即改变 R_4 的阻值，然后将 R_4 不同百分比时万用表 XMM1 测量的电压值记录在表5-2中。

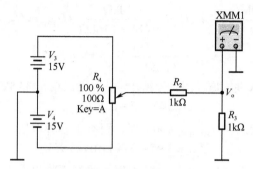

图 5-15 未加钳位二极管的电路

表 5-2 万用表 XMM1 的电压测量值

序 号	1	2	3	4	5	6	7	8	9	10	11
R_4/%	0	10	20	30	40	50	60	70	80	90	100
V_o/V											A

再搭建如图5-16所示加了钳位二极管的电路。同样将 R_1 不同百分比时万用表 XMM1 测量的电压值记录在表5-3中，对比表5-2和表5-3的数据，分析钳位二极管电路的工作原理。

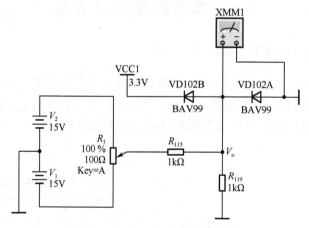

图 5-16 加了钳位二极管的电路

表 5-3 万用表 XMM1 的电压测量值

序 号	1	2	3	4	5	6	7	8	9	10	11
R_1/%	0	10	20	30	40	50	60	70	80	90	100
V_o/V											

5.4.3 同相比例运算电路仿真

搭建如图 5-17 所示的同相比例运算电路,改变 R_{125} 的阻值,将万用表 XMM1 测量的电压值记录在表 5-4 中,然后根据输入电压 V_i 和输出电压 V_o,计算出电压放大倍数并填入表 5-4 中。分析解释仿真计算结果,掌握同相比例运算电路的基本结构和工作原理。

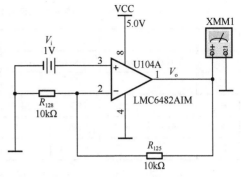

图 5-17 同相比例运算电路

表 5-4 万用表 XMM1 的电压测量值及电压放大倍数

序　号	1	2	3	4	5
$R_{125}/\mathrm{k\Omega}$	10	20	40	60	80
V_o/V					
电压放大倍数 A					

5.4.4 施密特触发器电路仿真

搭建如图 5-18 所示的施密特触发器电路。输入不同电压 V_i,将万用表 XMM1 测量的输出电压 V_o 的电压值记录在表 5-5 中。分析仿真结果并结合理论计算,掌握施密特触发器电路的基本结构和工作原理。

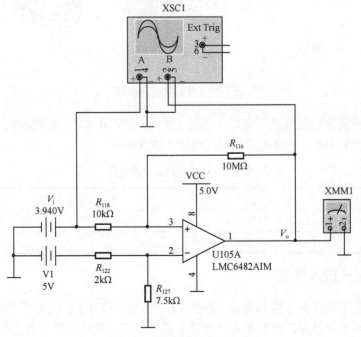

图 5-18 施密特触发器电路

表 5-5　不同 V_i 电压值时的输出电压 V_o。

序号	1	2	3	4	5	6	7	8	9	10
V_i/V	3.940	3.941	3.942	3.943	3.944	3.945	3.946	3.947	3.948	3.949
V_o/V										
序号	11	12	13	14	15	16	17	18	19	20
V_i/V	3.950	3.951	3.952	3.953	3.954	3.955	3.956	3.957	3.958	3.959
V_o/V										

5.5　体温测量实测分析

5.5.1　电源电路实测分析

将体温电路板插入 LY-E501 医学电子学开发套件插槽，通过 B 型 USB 连接线将 LY-E501 医学电子学开发套件与计算机连接供电，如图 5-19 所示。然后长按医学电子学开发套件的左边按键开机，待蓝牙连接之后，观察体温电路板上的发光二极管 3V3_LED 和 5V_LED 是否正常点亮。

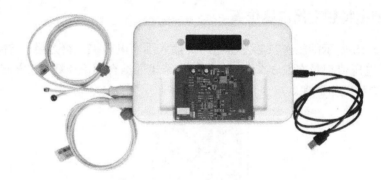

图 5-19　体温实测连接图

用万用表测量各电压值是否正常，包括 7.5V、3.3V 和 5V。测量测试点 TP21_3V3、TP24_5V 和 TP25_7V5，并将测得的电压值填入表 5-6 中。

表 5-6　体温电路板电源电压

序号	1	2	3
测试点	TP21_3V3	TP24_5V	TP25_7V5
V_o/V			

5.5.2　探头接入检测

将体温探头 1 和探头 2 接入设备，参考 5.6 节内容，打开 LY-E501 医学信号采集软件，进行串口设置和模块设置，然后单击"开始采样"按钮，软件将发送命令到单片机，单片机则开始检测体温探头是否与系统连接。用示波器测量测试点 TP15_LEAD，然后按照以下情况连接体温探头,并将测试点 TP15_LEAD 的信号电平记录在表 5-7 中。

(1) TEMP1 和 TEMP2 探头都与系统连接;

(2) TEMP1 探头连接,TEMP2 探头未连接;

(3) TEMP1 和 TEMP2 探头都未与系统连接。

表 5-7 测试点 TP15_LEAD 的电平

序 号	TEMP1	TEMP2	TP15_LEAD 电平
1	连接	连接	
2	连接	断开	
3	断开	断开	

根据所测得的数据,分析测试点 TP15_LEAD 高低电平代表的探头连接状态。

5.5.3 体温系数计算

(1) 测量测试点 TP11_TEMP,然后单击软件"采样通道选择"中的"校准 A 点"按钮,再单击"开始采样"按钮,根据软件显示,将校准点 A 采样得到的电压值记录在表 5-8 中。

(2) 测量测试点 TP11_TEMP,与操作(1)一样,将校准点 B 采样得到的电压值记录在表 5-8 中。

表 5-8 校准点 A、B 的电压值

序 号	1	2
校准点	A	B
电压值/V		

(3) 根据校准点 A 的电压值列出体温系数计算公式为

$$7.35\text{k}\Omega = \frac{C_1 \cdot (\quad)}{C_2 - (\quad)} \tag{5-10}$$

(4) 根据校准点 B 的电压值列出体温系数计算公式为

$$510\Omega = \frac{C_1 \cdot (\quad)}{C_2 - (\quad)} \tag{5-11}$$

(5) 根据从校准点 A 和校准点 B 的采样值得到的公式 (5-10) 和公式 (5-11),计算出 C_1 和 C_2。

$$C_1 = (\quad) \tag{5-12}$$

$$C_2 = (\quad) \tag{5-13}$$

5.5.4 体温信号处理电路实测分析

(1) 单击软件"采样通道选择"的正常按钮和"开始采样"按钮,用示波器测量测试点 TP6 和 TP8,观察并保存示波器显示的波形,将测量的电压有效值记录在表 5-9 中,观察分析测量的信号并得出结论。当两个体温探头的温度差别较大时,示波器中显示的波形会更明显,例如用手捏住一个探头使其升温,另一个探头则处于自然状态。

表 5-9　TP6、TP8 电压值

序　号	1	2
测试点	TP6	TP8
V_o/V		

（2）测量测试点 TP8 和 TP10，TP8 信号经过同相比例运算电路被放大后得到了 TP10，将测量的电压值和放大倍数的计算结果记录在表 5-10 中。

表 5-10　TP8、TP10 电压值

序　号	1	2
测试点	TP8	TP10
V_o/V		
放大倍数 A		

（3）测量测试点 TP10 和 TP11_TEMP，TP10 经过分压后得到最终的体温信号 TP11_TEMP，根据测量值列出 TP10 和 TP11_TEMP 的关系式并计算。

（4）当两个体温探头测量的温度不相等时，TP11_TEMP 表现为方波，用示波器光标测量 TP11_TEMP 的电压值，将最大电压值和最小电压值记录在表 5-11 中。

表 5-11　TEMP_VAL 最大最小电压值

序　号	1	2
TEMP_VAL	最大值	最小值
V_o/V		

（5）根据 YSI 探头的体温计算公式，代入 C_1、C_2 的值和 TEMP_VAL 的最大电压值与最小电压值，分别计算出 R_1 和 R_2 的值。

$$R_1 = \frac{C_1 \cdot U_{\text{TP11}}}{C_2 - U_{\text{TP11}}} = \frac{(\ )\cdot(\ )}{(\ )-(\ )} = (\ )$$

$$R_2 = \frac{C_1 \cdot U_{\text{TP11}}}{C_2 - U_{\text{TP11}}} = \frac{(\ )\cdot(\ )}{(\ )-(\ )} = (\ )$$

（6）根据 R_1 和 R_2 的值，通过查询附录 A 中的体温探头阻值表得到对应的体温值并记录在表 5-12 中。

表 5-12　探头 1 和探头 2 体温值

序　号	1	2
体温探头	1	2
体温值/℃		

5.6　LY-E501 医学信号采集软件（体温模块）

LY-E501 医学信号采集软件（体温模块）用于采集人体体温信号、分析体温数据，最后将体温波形、校准波形和体温相关参数显示在软件界面对应的区域。

首先,把体温电路板安装在系统设备上,将体温探头 TEMP1 和 TEMP2 接入医学电子学设备,然后打开医学电子学设备电源开关,将蓝牙主机插入到计算机的 USB 接口,使蓝牙的主机与从机成功配对连接。打开计算机的设备管理器,在端口处查看蓝牙连接的串口,此处蓝牙连接的串口是 COM3。注意,蓝牙连接的串口不是固定的,要根据实际情况选择。

然后,设置串口:打开软件菜单栏中的"串口设置(U)"标签页,在串口设置对话框中选择串口 COM3,其余选项保持默认,然后单击"打开串口"按钮,如图 5-20 所示。

图 5-20 串口设置

打开串口后,界面会自动跳转到体温模块,同时在界面的右侧显示两路体温探头的连接情况,如图 5-21 所示。要确保两路体温探头都处于连接状态,若有探头显示脱落,需检查体温探头与设备的连接情况,直到成功连接。

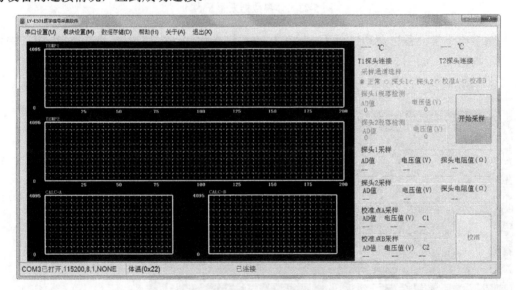

图 5-21 体温模块界面

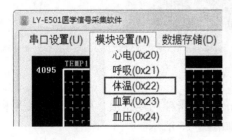

图 5-22 设置体温模块

打开串口后,如果界面没有自动跳转到体温模块,则需手动选择模块。打开菜单栏中的"模块设置(M)"标签页,然后选择"体温(0x22)"选项,如图 5-22 所示。

单击"开始采样"按钮,软件会通过蓝牙发送体温采样控制命令到医学电子学设备,如图 5-23 所示。

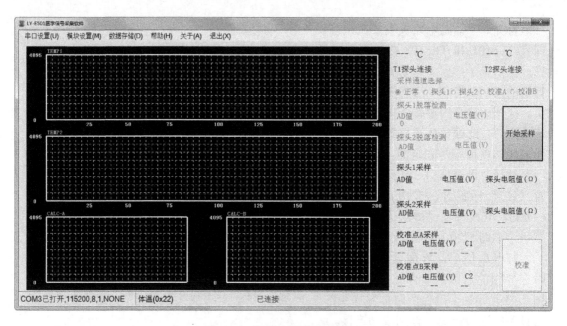

图 5-23 体温数据采集平台 1

医学电子学设备也会通过蓝牙传输信号数据包给软件,在 TEMP1 和 TEMP2 窗口中可以看到数据线,如图 5-24 所示。

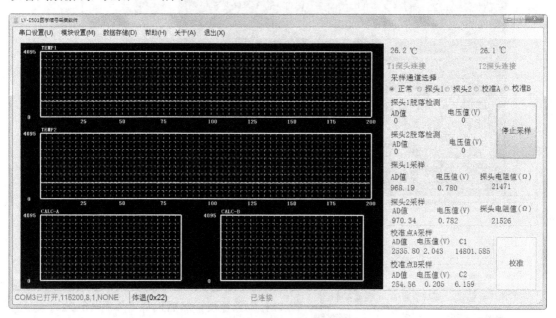

图 5-24 体温数据采集平台 2

单击"校准 A"前面的单选按钮,可以得到校准点 A 采样的电压值,在校准点 A 采样中可以看到校准点 A 的 AD 值、电压值和 C_1 值,如图 5-25 所示。

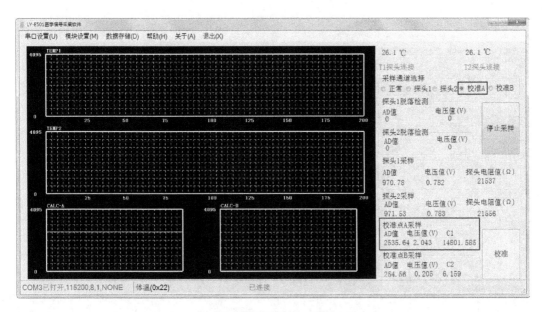

图 5-25　校准点 A 采样

同理,单击"校准 B"前面的单选按钮,可以得到校准点 B 采样的电压值,在校准点 B 采样中可以看到校准点 B 的 AD 值、电压值和 C_2 值,如图 5-26 所示。

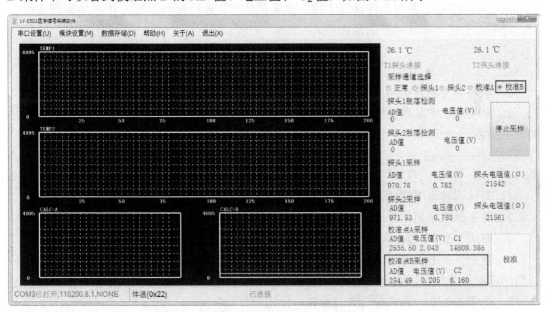

图 5-26　校准点 B 采样

根据校准点 A 和校准点 B 采样得到的电压值,计算校准系数 C_1 和 C_2,并与软件计算的 C_1 和 C_2 进行比较。

校准之后,单击"正常"前面的单选按钮,在界面右侧可以看到探头 1 采样和探头 2 采样得到的 AD 值、电压值和探头电阻值,如图 5-27 所示。

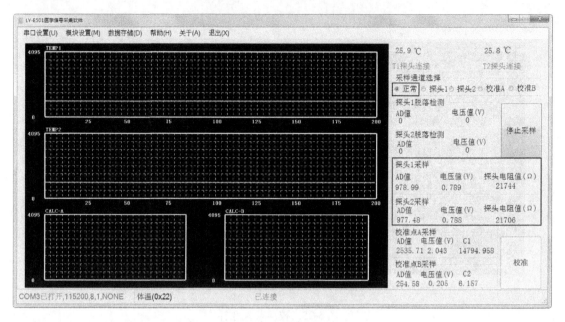

图 5-27 正常采样

根据计算得到的校准系数 C_1、C_2 和探头 1、探头 2 采样得到的电压值，计算两个探头的热敏电阻的阻值，并与软件计算的探头电阻值比较。最后查询附录 A 中的体温探头阻值表，分别得到两个探头对应的温度值。

本 章 任 务

1．填写体温测量电路仿真和体温测量实测分析中的表格。

2．参照本章体温测量电路，自行设计一款基于单片机的体温测量系统，设计、制作并调试电路板。

本 章 习 题

1．简述热敏电阻测体温原理。

2．除了热敏电阻测温法，请列出至少一种其他测量体温的方法，并简单介绍。

3．在图 5-3 中，为什么要进行 A 点和 B 点校准？

4．在图 5-3 中，电阻 R_{111}、R_{112} 和 R_{113} 为什么要选取精度为 0.1%？R_{112} 和 R_{113} 是两个并联的电阻，为什么用两个 14.7kΩ 的电阻并联，而不是直接用一个 7.35kΩ 的电阻？

5．在图 5-9 中，运放跟随器的特性和作用是什么？

第6章 心电测量电路设计实验

6.1 实验内容

本章将学习心电各项参数的医学临床意义，了解各种心电测量方法，并对比各种方法的差异和优缺点，理解心电测量原理和电路设计原理，掌握心电测量电路理论推导、仿真和实测。通过学习要掌握以下几点：①心电信号的特点；②心电测量电路设计原理；③心电信号处理过程；④自行设计出各项参数可控的简易心电测量电路。

6.2 心电测量原理

心电信号来源于心脏的周期性活动。在每个心动周期中，心脏窦房结细胞内外首先产生电位的急剧变化（动作电位），而这种电位的变化通过心肌细胞依次向心房和心室传播，并在体表不同部位形成一次有规律的电位变化。将体表不同时期的电位差信号连续采集、放大，并连续实时显示，就形成心电图（ECG）。

在人体不同部位放置电极，并通过导联线与心电图机放大电路的正负极相连，这种记录心电图的电路连接方法称为心电图导联。目前广泛采纳的国际通用导联体系称为常规12导联体系，包括与肢体相连的肢体导联和与胸部相连的胸导联。本实验采用的是肢体导联的Ⅲ导联。

心电测量主要功能：记录人体心脏的电活动，可以诊断是否存在心律失常的情况；可以诊断出心肌梗死的部位、范围和程度，有助于预防冠心病；判断药物或电解质情况对心脏的影响，有房颤的患者，在服用胺碘酮药物后，应定期去做心电测量，这样便于观察疗效；判断人工心脏起搏器的工作状况。

心电测量需要了解心电信号的特点，针对其特点设计测量电路，通过不同的心电导联方式测量心电得到心电图，分析心电图可以判断心脏是否有异常情况。下面依次介绍心电信号特点、心电放大器要求、心电图和心电图导联。

6.2.1 心电信号特点

心电信号有如下特点。

（1）信号弱，信噪比低。

心电信号是一种源于人体内部的微弱电信号，信号幅度非常小，通常为 0.05～5mV，属于毫伏级的电信号。要想将它显示出来，至少需要放大 1000 倍左右。同时，心电信号的信噪比低，心电信号的放大曾经也是一个比较困难的问题。

（2）信号源阻抗大。

心电信号由皮肤电极取自人体表面，因此信号源内阻会非常大，约有 100kΩ。不同人体或者同一人体自身的差异，导致皮肤与电极之间的阻抗也会有很大差异，因此放大器的输出结果也存在很大的不稳定因素。为此，放大器必须有极高的输入阻抗，才能使其引起的失真和误差减小到可以忽略不计。

(3) 电磁干扰大。

在人体周围存在着非常大的电磁干扰，如 50Hz 工频干扰和空中的其他电磁干扰等，干扰信号比信号源要强得多，从而使有用信号被干扰信号淹没。为此，在放大有效信号时必须消除强大的干扰信号，才能使有效信号正常放大。

(4) 信号频率低。

心电信号的频率成分主要集中在 0.05~100Hz。

6.2.2 心电放大器要求

对心电放大器的基本要求：不影响所检测部位的生理功能，测得的信号不能有畸变，必须能将有用信号和干扰分离开来。对放大器的技术要求为高增益、高输入阻抗、高共模抑制比、合适的通频带和低噪声、低漂移。

(1) 高增益。

针对心电信号弱、信噪比低的问题，要求放大器具有高增益的特点。增益即放大器的放大倍数。由于心电信号幅度在毫伏级且最高不超过 5mV，所以要想得到能够用于 A/D 转换的 2.56~5V 的输出结果，放大器的总增益应该在 1000 倍以上。

(2) 高输入阻抗。

信号源阻抗大，提高放大器的输入阻抗可以提高信号拾取的比例。由于信号源内阻在 100kΩ 以上，放大器的输入阻抗至少应达到 1MΩ 或更大。若放大器的输入阻抗能达到 10MΩ，信号源内阻与输入阻抗之比可达到 1∶100，则信号在信号源内阻上的电压降与在放大器的输入阻抗上产生的电压降相比可以忽略不计。这样，信号的功率就不会浪费在信号源内阻上。高输入阻抗也能减少因各电极阻抗不一致造成的共模干扰。因此，提高输入阻抗也能提高信噪比。

(3) 高共模抑制比。

为了抑制人体所带的各种电磁干扰，通常选用具有高共模抑制比特性的仪器仪表放大电路，因为信号源是差模信号，而干扰源大多是共模信号，仪器仪表放大电路的对称性可以提高放大器输入阻抗，也可以减小由于不对称性造成共模向差模的转化。共模抑制比一般要求达到 80~100dB，相当于可以让 10mV 的共模信号与 0.1μV 的差模信号有同样幅度的输出。这样，以共模形式输入的干扰信号就会被抑制，而以差模形式输入的生理信号可以得到最有效的放大。

(4) 合适的通频带。

合适的通频带通常是利用滤波器来完成的。高通滤波器可以用来消除电极电位漂移；低通滤波器可以用来消除各种高频噪声，尤其是工频噪声及其谐波，也能用于限制信号的频宽以防采样时造成信号混叠。不同信号源的频率范围不同，放大器的频率响应范围也是不同的。

(5) 低噪声、低漂移。

由于信号弱小，放大器本身的噪声幅度必须远低于信号幅度，尤其是信号的前级放大器噪声，它会与信号一起经后级放大器放大，因此，前级放大器的元器件要尽量采用低噪声的。基线漂移对于测量极低频率（1Hz 以下）信号（信号分量含此频域）有很大影响，使用具有对称结构的仪器仪表放大电路并严格挑选参数合适的元器件，可以有效抑制温度带来的零点漂移。

6.2.3 心电图

心电图是心脏搏动时产生的生物电位变化曲线,是客观反映心脏电兴奋的发生、传播及恢复过程的重要生理指标,如图 6-1 所示。图中横轴为时间 t,纵轴为电压 V。

临床上根据心电图波形的形态、波幅及各波之间的时间关系,能诊断出心脏可能发生的疾病,如心律不齐、心肌梗死、期前收缩、心脏异位搏动等。

心电图信号主要包括以下几个典型波形和波段。

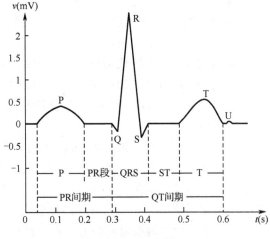

图 6-1 心电图

1. P 波

心脏的兴奋发源于窦房结,最先传至心房。因此,心电图各波中最先出现的是代表左右两心房兴奋过程的 P 波。心脏兴奋在向两心房传播的过程中,其心房去极化的综合向量先指向左下肢,然后逐渐转向左上肢。如将各瞬间心房去极化的综合向量连接起来,便形成一个代表心房去极化的空间向量环,简称 P 环。通过 P 环在各导联轴上的投影即得出各导联上不同的 P 波。P 波形小而圆钝,随各导联而稍有不同。P 波的宽度一般不超过 0.11s,多在 0.06~0.10s 之间。电压(幅度)不超过 0.25mV,多为 0.05~0.20mV。

2. PR 段

PR 段是从 P 波的终点到 QRS 复合波起点的相隔时间,它通常与基线为同一水平线。PR 段代表从心房开始兴奋到心室开始兴奋的时间,即兴奋通过心房、房室结和房室束的传导时间。成人一般为 0.12~0.20s,小儿的时间稍短。这一期间随着年龄的增长有加长的趋势。

3. QRS 复合波

QRS 复合波代表两个心室兴奋传播过程的电位变化。由窦房结发生的兴奋波,经传导系统首先到达室间隔的左侧面,然后按一定的路线和方向,由内层向外层依次传播。随着心室各部位先后去极化形成多个瞬间综合心电向量,在额面的导联轴上的投影,便是心电图肢体导联的 QRS 复合波。典型的 QRS 复合波包括三个相连的波动。第一个向下的波为 Q 波,继 Q 波后一个狭窄向上的波为 R 波,与 R 波相连接的又一个向下的波为 S 波。由于这三个波紧密相连且总时间不超过 0.10s,故合称 QRS 复合波。QRS 复合波所占时间代表心室肌兴奋传播所需时间,正常人为 0.06~0.10s,一般不超过 0.11s。

4. ST 段

ST 段是从 QRS 复合波结束到 T 波开始的相隔时间,为水平线。它反映心室各部位在兴奋后处于去极化状态,故无电位差。正常时接近于基线,向下偏移不应超过 0.05mV,向上偏移在肢体导联不超过 0.1mV。

5. T 波

T 波是继 QRS 复合波后的一个波幅较低而波宽较长的电波,它反映心室兴奋后复极化的过程。心室复极化的顺序与去极化过程相反,它缓慢地由外层向内层进行。在外层已去极化部分的负电位首先恢复到静息时的正电位，使外层为正，内层为负，因此与去极化时向量的方向基本相同。连接心室复极化各瞬间向量所形成的轨迹，就是心室复极化心电向量环，简称 T 环。T 环的投影即为 T 波。

复极化过程同心肌代谢有关，因而较去极化过程缓慢，占时较长。T 波与 ST 段同样具有重要的诊断意义。如果 T 波倒置则说明发生心肌梗死。

在以 R 波为主的心电图上，T 波不应低于 R 波的 1/10。

6．U 波

U 波是在 T 波后 0.02～0.04s 出现的宽而低的波，波幅多在 0.05mV 以下，宽约 0.20s。一般临床认为，U 波可能是由心脏舒张时各部位产生的后电位而形成的，也有人认为是浦肯野纤维再极化的结果。正常情况下，不容易记录到微弱的 U 波，当血钾不足、甲状腺功能亢进及服用强心药洋地黄等时，都会使 U 波增大而被捕捉到。

表 6-1 所示为健康成人心电图各个波形的典型值范围。

表 6-1　心电图各个波形的典型值范围

波形名称	电压幅度/mV	时间/s
P 波	0.05～0.25	0.06～0.10
Q 波	小于 R 波的 1/4	小于 0.04
R 波	0.5～2.0	—
S 波		0.06～0.11
T 波	0.1～1.5	0.05～0.25
PR 段	与基线同一水平	0.06～0.14
PR 间期	—	0.12～0.20
ST 段	水平线	0.05～0.15
QT 间期	—	小于 0.44

6.2.4　心电图导联

通过体表记录心电图必须解决两个关键问题：①电极安放的位置；②电极与放大器的连接形式。

为了统一心电图标准，便于临床进行心电图波形比较，目前，对记录心电图的电极位置、电极引线与放大器的连接方式都有统一规定。在心电图的专业术语中，将心电电极的安放位置、电极与放大器的连接方式统称为心电导联。

由于在人体体表任意两点放置电极都能描记心电图，因此，在心电图发展史上曾出现过多种心电导联体系。目前，广泛应用的是国际标准 12 导联体系，分别记为 Ⅰ、Ⅱ、Ⅲ、aVR、aVL、aVF、V1～V6。其中，Ⅰ、Ⅱ、Ⅲ导联为双极导联，其他为单极导联。双极导联可获取两个探查电极之间的电位差；单极导联能检测某一探查电极相对于参考点的电位。

1. 电极安放位置

国际标准 12 导联体系中，需要在人体表面安放 10 个电极，分别是左臂（LA）、右臂（RA）、左腿（LL）、右腿（RL）各 1 个电极，胸部 6 个电极（V1～V6）。记录心电图时，右腿电极一般作为参考电极，其余 9 个电极是心电探查电极。肢体电极多采用平板式电极，胸电极一般使用吸附式电极或自黏性电极。

2. 双极导联

双极导联通过两个肢体间的电位差来获取体表心电信息。双极导联包括 Ⅰ、Ⅱ、Ⅲ 导联。此处只介绍本实验中用到的双极 Ⅰ 导联，其连接方式如图 6-2 所示。Ⅰ 导联电极安放位置及与放大器的连接：左上肢（LA）接放大器正输入端，右上肢（RA）接放大器负输入端；图中的 ACM 为右腿驱动电路，目的是在右腿注入参考电位。

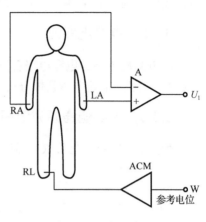

图 6-2 双极 Ⅰ 导联

6.3 心电测量电路设计

6.3.1 心电测量电路设计思路

心电测量电路按照功能可以分为无源低通滤波电路、运放跟随器电路、仪器仪表放大电路、信号放大滤波电路、右腿驱动电路和导联脱落检测电路。心电测量电路结构图如图 6-3 所示。

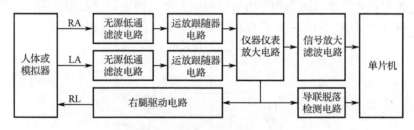

图 6-3 心电测量电路结构图

无源低通滤波电路：心电导联方式采用双极 Ⅰ 导联，系统从人体或模拟器采集信号 RA、LA。因为在实际产品中，考虑到高频电刀，还有更高频的射频信号，所以利用无源低通滤波电路将高频信号滤除。

运放跟随器电路：利用了运放跟随器的输入阻抗高、输出阻抗低的特性，对信号起到了缓冲和隔离作用，使前后级电路互不影响。

仪器仪表放大电路：因为从人体获取的心电信号为差模小信号，其中含有较大的共模成分，所以采用具有高输入阻抗和高共模抑制比的仪器仪表放大电路来抑制共模信号和放大差模信号（心电信号）。

信号放大滤波电路：进一步放大滤波信号，最后由单片机采样心电信号。

右腿驱动电路：直接降低共模信号，从而提高共模抑制比。

导联脱落检测电路：通过电压比较器判断信号电平，输出高电平或低电平信号到单片机，高电平为导联脱落，低电平为导联连接。

6.3.2 电源电路

心电测量电路的电源电路有 VIN 转 7.5V 电路、7.5V 转 5V 电路、5V 转-5V 电路和 5V 转 3.3V 电路。电源电路具体分析可参考 2.1 节。

6.3.3 无源低通滤波电路

如图 6-4 所示，信号 RA 经过二阶无源低通滤波电路，截止频率为 12.58kHz。

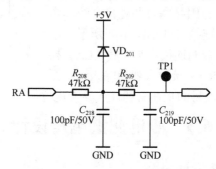

图 6-4 无源低通滤波电路

6.3.4 运放跟随器电路

如图 6-5 所示，运放跟随器的输出电压与输入电压幅值相等且相位相同，起到缓冲隔离作用，同时提高了输入阻抗。此处电路以右臂为例（左臂相同）。因此有

$$U_{TP3} = U_{TP1}$$

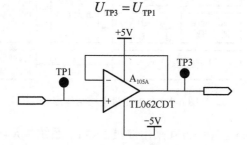

图 6-5 运放跟随器电路

6.3.5 仪器仪表放大电路

如图 6-6 所示，A_{106A} 与 A_{106B} 组成第一级放大器，二者均为同相输入方式。由于电路结构对称，因此漂移可以相互抵消。

由图 6-6 可得

$$\frac{U_{TP9} - U_{TP5}}{R_{218}} = \frac{U_{TP5} - U_{TP8}}{R_{219}} = \frac{U_{TP8} - U_{TP10}}{R_{220}} \tag{6-1}$$

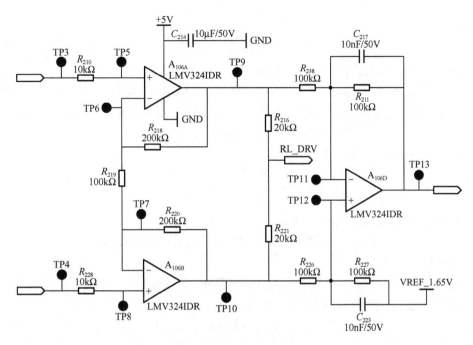

图 6-6 仪器仪表放大电路

代入数据并化简可得

$$U_{TP9} - U_{TP10} = 5(U_{TP5} - U_{TP8}) \tag{6-2}$$

第二级运放为差分比例运算电路，易得

$$U_{TP13} = -\frac{R_{211}}{R_{238}}(U_{TP9} - U_{TP10}) \tag{6-3}$$

U_{VREF} 接在 TP12 处，起抬高信号基线的作用。结合公式（6-2）和公式（6-3）可得

$$U_{TP13} = U_{VREF} - 5(U_{TP5} - U_{TP8}) = U_{VREF} + 5(U_{TP8} - U_{TP5}) \tag{6-4}$$

由第一级电压跟随器可知

$$U_{TP5} = U_{TP3} = U_{TP1} = U_{RA}$$
$$U_{TP8} = U_{TP4} = U_{TP2} = U_{LA}$$

因此，两级运放得到的结果为

$$U_{TP13} = U_{VREF} + 5(U_{LA} - U_{RA}) \tag{6-5}$$

6.3.6 信号放大滤波电路

（1）同相比例运放电路。

信号放大滤波电路如图 6-7 所示。在第三级运放 A_{107B} 前加入一个电容 C_{222}，去除直流信号，再在 TP15 处重新加上 U_{VREF}。所以有

$$U_{TP15} = U_{VREF} + 5(U_{LA} - U_{RA}) \tag{6-6}$$

可知 A_{107B} 为带直流高电平信号的同相比例运放电路，计算可得

$$U_{TP16} = \left(1 + \frac{R_{213}}{R_{212}}\right)U_{TP15} - \frac{R_{213}}{R_{212}}U_{VREF}$$

代入数值可得

$$U_{TP16} = 31U_{TP15} - 30U_{VREF} \tag{6-7}$$

将公式（6-6）代入公式（6-7），可得

$$U_{TP16} = 31[U_{VREF} + 5(U_{LA} - U_{RA})] - 30U_{VREF} = U_{VREF} + 155(U_{LA} - U_{RA}) \tag{6-8}$$

同理，电容 C_{221} 的作用是去除直流信号，再在 TP17 处重新加上 U_{VREF}。所以有

$$U_{TP17} = U_{VREF} + 155(U_{LA} - U_{RA}) \tag{6-9}$$

运放 A_{107A} 的输入、输出关系式为

$$U_{TP19} = \left(1 + \frac{R_{215}}{R_{214}}\right)U_{TP17} - \frac{R_{215}}{R_{214}}U_{VREF}$$

代入数值并结合公式（6-9），可得

$$U_{TP16} = 2.125[U_{VREF} + 155(U_{LA} - U_{RA})] - 1.125U_{VREF}$$

化简可得

$$U_{ECG} = U_{VREF} + 329.375(U_{LA} - U_{RA}) \tag{6-10}$$

取整约为 330 倍放大，则得到最终信号为

$$U_{ECG} = U_{VREF} + 330(U_{LA} - U_{RA}) \tag{6-11}$$

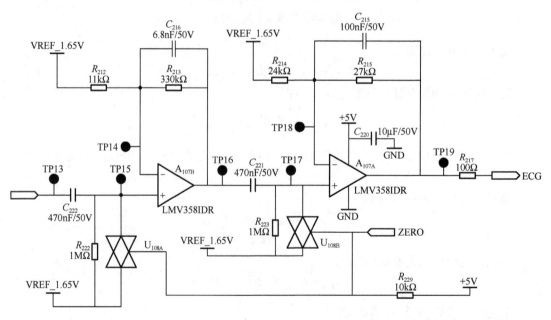

图 6-7 信号放大滤波电路

（2）基准电压电路。

基准电压电路如图 6-8 所示，先通过电阻 R_{233} 与 R_{235} 对 3.3V 分压得到

$$U_{TP22} = \frac{R_{235}}{R_{233} + R_{235}} \times 3.3V = \frac{10k\Omega}{10k\Omega + 10k\Omega} \times 3.3V = 1.65V$$

再通过电容 C_{228} 接地去除交流干扰。运放 A_{209A} 为电压跟随器，输出电压的幅值、相位与输入电压相同，起缓冲隔离的作用。最后即得到稳定的基准电压 1.65V。

（3）双向模拟开关电路。

为了避免心电导联在脱落与连接切换过程中出现心电波形基线突变的现象，引入双向模拟开关 CD4066。双向模拟开关 CD4066 内部示意图如图 6-9 所示。在双向模拟开关中，14 号引脚 VDD 连接电路中的参考高电平，7 号引脚连接电路中的参考低电平。其他的引脚为输入/输出端与控制端。

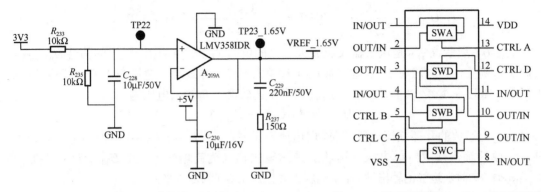

图 6-8　基准电压电路　　　　　图 6-9　双向模拟开关 CD4066 内部示意图

以控制模块 SWA 为例。在控制端 CTRL A 达到参考高电平 VDD 时，1/2 输入、输出引脚之间的电阻值很低，相当于导通（输入、输出引脚可以互换，未规定方向）；在控制端 CTRL A 为参考低电平 VSS 时，1/2 输入、输出引脚之间的电阻值很高，相当于开路。其他控制模块 SWB、SWC、SWD 作用相同。

模拟开关可传输数字信号和模拟信号，可传输的模拟信号的上限频率为 40MHz。各开关间的串扰很小，典型值为-50dB。

6.3.7　右腿驱动电路

右腿驱动电路的工作原理是将由人体体表获得的共模电压通过负反馈放大的方式输回人体，从而达到抵消共模干扰的目的，从根本上抑制共模电压。右腿驱动电路如图 6-10 所示。人体通过各种渠道从环境中获取 50Hz 的工频干扰，在心电放大中形成交流共模干扰，这种交流共模干扰常在几伏以上，远大于心电信号，而心电信号是人体特定的点与点之间的差模电压，信号幅度小。要消除交流共模干扰，仅使用仪器仪表放大电路是不够的，一般还须采用右腿驱动电路。

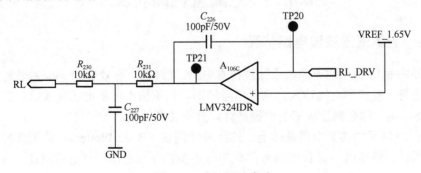

图 6-10　右腿驱动电路

信号 TP20 是平均交流共模电压，经过 A_{106C} 进行反相放大后，再经过限流电阻 R_{230} 和 R_{231} 接回人体。

6.3.8 导联脱落检测电路

导联脱落检测电路如图 6-11 所示。U_{TP24} 为固定电压，即

$$U_{TP24} = \frac{R_{234}}{R_{232}+R_{234}} \times 3.3\text{V} = \frac{30\text{k}\Omega}{30\text{k}\Omega + 22.1\text{k}\Omega} \times 3.3\text{V} \approx 1.9\text{V}$$

如图 6-6 所示，U_{TP25} 是从仪器仪表放大电路的电阻 R_{216} 和 R_{221} 中间引出的信号 U_{RL_DRV}。根据实际测量，其电压在 1.9V 附近波动（若探头连接人体成功，电压在 1.9V 以下；若探头脱落，电压在 1.9V 以上）。运放 A_{209B} 为电压比较器，其输入电压为

$$U_{TP26} = A_{od}(U_{TP25} - U_{TP24})$$

其中，A_{od} 为运放的开环差模电压增益，理论值为无穷大。当 $U_{TP25}>U_{TP24}$，即当 $U_{LL\_DRV}>1.9$V 时，运放的输出端 U_{TP26} 电压为运放的最大输出值（为高电平）；当 $U_{TP25}<U_{TP24}$，即当 $U_{LL\_DRV}<1.9$V 时，运放的输出端 U_{TP26} 电压无限接近于 0（为低电平）。

最后通过一个无源低通滤波电路，去除高频率的电压波动干扰，将直流电压传送到引脚 LEAD_OFF（连接到单片机）。

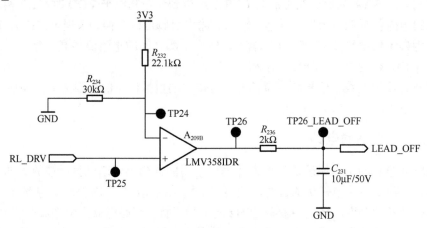

图 6-11 导联脱落检测电路

6.4 心电测量电路仿真

6.4.1 无源低通滤波电路仿真

搭建如图 6-12 所示的无源低通滤波仿真电路。通过输入有效值为 1V、频率为 12.58kHz 的正弦波信号，观察和对比输入、输出信号波形，记录输出信号电压有效值，计算增益并记录在表 6-2 中。结合截止频率的理论计算，分析仿真结果。

在图 6-12 所示的仿真电路基础上，连接波特图仪（Bode Plotter），分析波特图。当放大电路的增益下降 3dB 时，计算信号的频率是多少，并与理论计算进行对比。

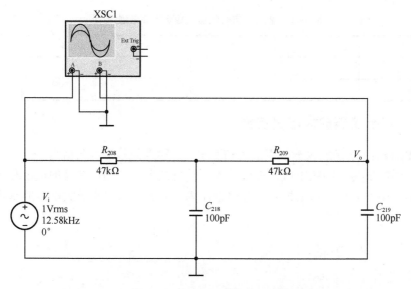

图 6-12　无源低通滤波仿真电路

表 6-2　输出信号电压有效值和增益值

f/kHz	12.58
V_o/mV	
$20\lg\|V_o/V_i\|/\text{dB}$	

6.4.2　运放跟随器电路仿真

搭建如图 6-13 所示的运放跟随器仿真电路。通过输入不同有效值的正弦波,观察输出波形,并将电压有效值记录在表 6-3 中。根据所测得的数据分析运放跟随器的工作特性,掌握运放跟随器的基本结构和工作原理。

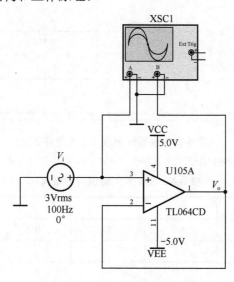

图 6-13　运放跟随器仿真电路

表 6-3 输入不同有效值正弦波时的输出电压

序 号	1	2	3	4	5
V_i/V	1	2	3	4	5
V_o/V					

6.4.3 仪器仪表放大电路仿真

搭建如图 6-14 所示的仪器仪表放大仿真电路。输入信号为有效值为 5mV、频率为 1Hz 的正弦波,根据 R_{219} 不同的阻值,观察输入、输出波形,将输出信号的电压和计算的增益记录在表 6-4 中。分析仿真结果并结合理论计算,掌握仪器仪表放大电路的基本结构和工作原理。

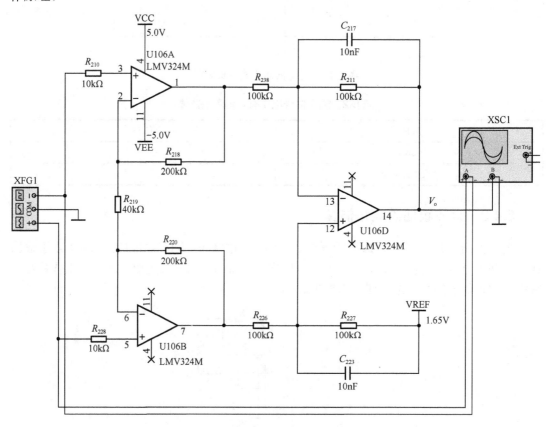

图 6-14 仪器仪表放大仿真电路 1

表 6-4 R_{219} 不同阻值时的增益

序 号	1	2	3	4	5	6
R_{219}/kΩ	40	50	80	100	200	400
V_o/V						
增益 A						

搭建如图 6-15、图 6-16 所示的仪器仪表放大仿真电路。改变输入信号幅值，分别将两个电路的输出信号电压和计算的放大倍数记录在表 6-5 和表 6-6 中，然后根据表格中的数据计算仪器仪表放大电路的共模抑制比。

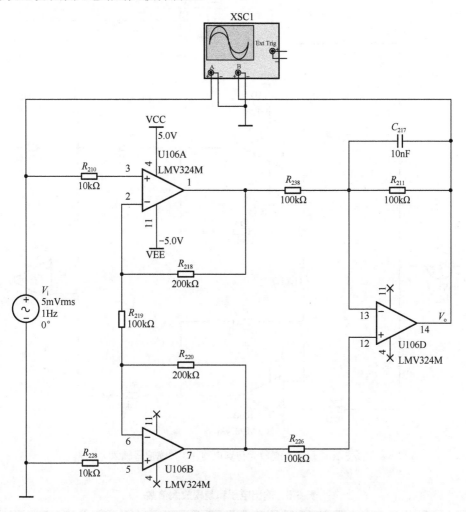

图 6-15 仪器仪表放大仿真电路 2（差模信号输入）

共模抑制比 CMRR 是差模电压放大倍数 A_{ud} 与共模放大倍数 A_{uc} 的绝对值之比，即

$$\text{CMRR} = \left| \frac{A_{ud}}{A_{uc}} \right|$$

搭建如图 6-17 所示的仪器仪表放大仿真电路，记录万用表测量的输入、输出电压，并计算等效输入噪声。当输入端短路接地时，测得的输出信号的峰峰值为该放大器的输出噪声。等效输入噪声为输出噪声除以放大器差模增益。在实际测量中，输出端接示波器测量。由于仿真电路为理想电路，且输出信号为直流信号，所以此处用万用表测量输出信号。

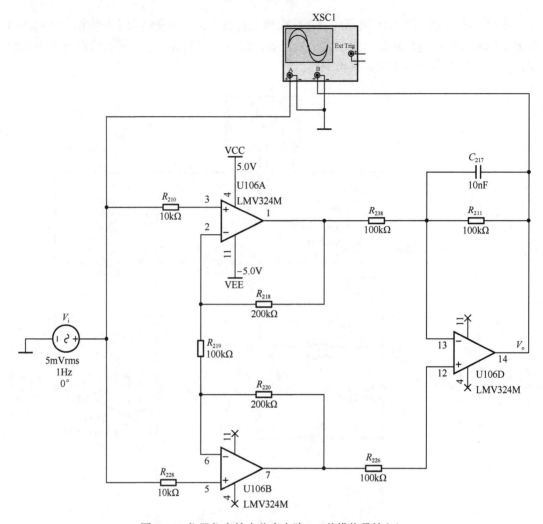

图 6-16　仪器仪表放大仿真电路 3（共模信号输入）

表 6-5　输出电压和差模放大倍数

序　号	1	2	3	4
V_i/mV	50	100	150	200
V_o/mV				
A_{ud}				

表 6-6　输出电压和共模放大倍数

序　号	1	2	3	4
V_i/mV	50	100	150	200
V_o/mV				
A_{uc}				

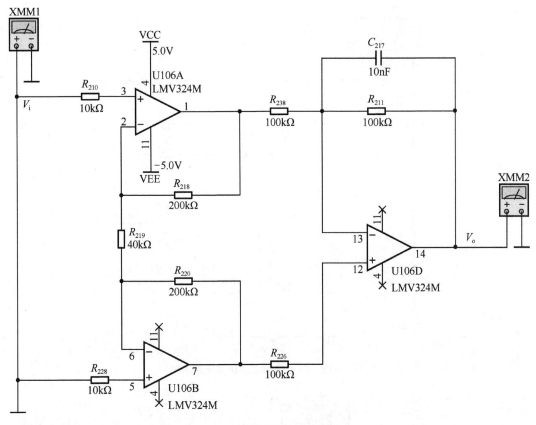

图 6-17 仪器仪表放大仿真电路 4

表 6-7 输入、输出电压

V_i/mV	
V_o/mV	

6.4.4 信号放大滤波电路仿真

（1）搭建如图 6-18 所示的信号放大滤波仿真电路。输入信号为有效值 10mV、频率 1Hz、偏置电压为 1.65V 的正弦波，根据电阻 R_{213} 不同的阻值，将输出信号的电压和计算的增益记录在表 6-8 中。分析仿真结果并结合理论计算，掌握同相比例运放电路的基本结构和工作原理。

（2）搭建如图 6-19 所示的信号放大滤波仿真电路。输入信号为有效值 100mV、频率 1Hz、偏置电压为 1.65V 的正弦波，根据电阻 R_{215} 不同的阻值，将输出信号的电压和计算的增益记录在表 6-9 中。分析仿真结果并结合理论计算，掌握同相比例运放电路的基本结构和工作原理。

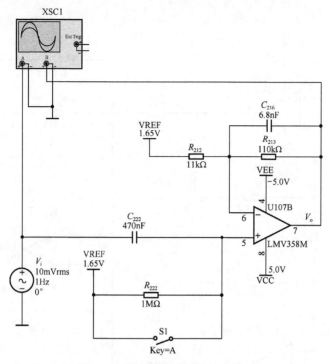

图 6-18 信号放大滤波仿真电路 1

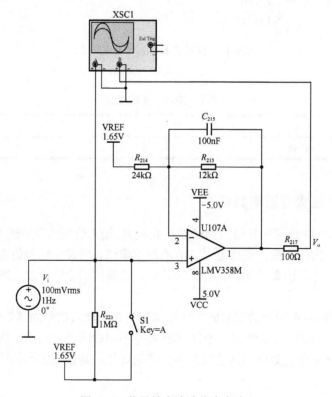

图 6-19 信号放大滤波仿真电路 2

表 6-8 R_{213} 不同阻值时的输出电压及增益

序 号	1	2	3	4	5
R_{213}/kΩ	110	220	330	440	550
V_o/V					
增益 A					

表 6-9 R_{215} 不同阻值时的输出电压及增益

序 号	1	2	3	4	5
R_{215}/kΩ	12	24	27	30	34
V_o/V					
增益 A					

（3）搭建如图 6-20 所示的基准电压仿真电路。将万用表 XMM1 和 XMM2 测量的电压记录在表 6-10 中。通过分析仿真结果并结合理论计算，掌握基准电压电路的基本结构和工作原理。

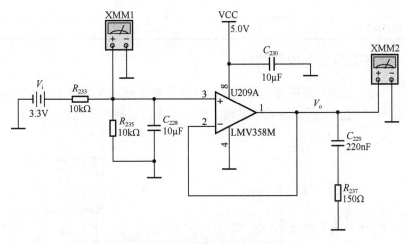

图 6-20 基准电压仿真电路

表 6-10 万用表电压测量值

序 号	1	2
XMM1/V		
XMM2/V		

（4）搭建如图 6-21 所示的双向模拟开关仿真电路。当开关 S1 分别接 5V 和 GND 时，将万用表 XMM1 和 XMM2 测量的电压记录在表 6-11 中。根据所测得的数据分析双向模拟开关的工作特性。

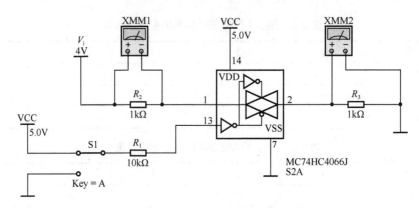

图 6-21 双向模拟开关仿真电路

表 6-11 万用表电压测量值

序 号	1	2
开关 S1	5V	GND
XMM1/V		
XMM2/V		

6.4.5 导联脱落检测电路仿真

搭建如图 6-22 所示的导联脱落检测仿真电路。将不同输入电压 V_i 时的示波器测量值记录在表 6-12 中。通过分析仿真结果并结合理论计算，掌握电压比较器的工作原理。

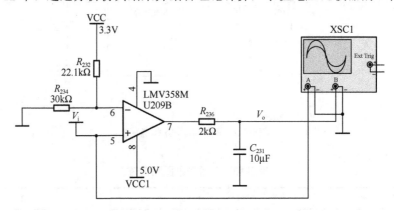

图 6-22 导联脱落检测仿真电路

表 6-12 不同输入电压 V_i 时的示波器测量值

序 号	1	2	3	4	5	6	7
V_i/V	2	1.95	1.91	1.9	1.89	1.85	1
V_o/V							

6.5 心电测量实测分析

6.5.1 电源电路实测分析

如图 6-23 所示,将心电电路板插入 LY-E501 型医学电子学开发套件插槽,接入心电导联线。本实验使用心电模拟器产生心电信号,分别将心电导联线的 3 个电极接到心电模拟器对应的端口。设备供电后观察心电电路板上的 3V3_LED 和 5V_LED 是否正常点亮。

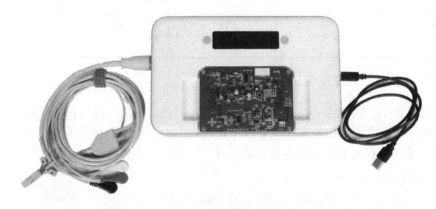

图 6-23 心电实测连接图

用万用表测量各电压值是否正常,包括 7.5V、5V、-5V、3.3V 和 1.65V。测量测试点 TP31_7V5、TP32_5V、TP29_-5V、TP30_3V3 和 TP23_1.65V,并将测得的电压值记录在表 6-13 中。

表 6-13 心电电路板电源电压

序 号	1	2	3	4	5
测试点	TP31_7V5	TP32_5V	TP29_-5V	TP30_3V3	TP23_1.65V
V_o/V					

6.5.2 无源低通滤波电路实测分析

测试无源低通滤波电路的幅频特性,在 J1 座子的从上到下的第一个引脚(即 RA 引脚)接正弦信号发生器,正弦信号发生器输出幅值为 1V、频率为 12.58kHz 的正弦波信号,并将该信号连接示波器通道 1,无源低通滤波电路的输出端 TP1 接示波器通道 2。然后观察输出信号,用光标测量输出信号的幅值,记录在表 6-14 中,并与仿真值对比。

表 6-14 输出信号电压有效值和增益值

f/kHz	12.58
V_o/mV	
$20\lg|V_o/V_i|$/dB	

6.5.3 运放跟随器电路实测分析

参考 5.6 节内容,打开 LY-E501 医学信号采集软件,设置串口和模块。然后单击软件的"开始采样"按钮,用示波器测量测试点 TP1 和 TP3、TP2 和 TP4,将测量的电压有效值记录在表 6-15 中,观察分析测量的信号并得出结论。

表 6-15 运放跟随器的输出电压值

序 号	1	2	3	4
测试点	TP1	TP3	TP2	TP4
V_o/V				

6.5.4 仪器仪表放大电路实测分析

测量测试点 TP13,由于心电信号是毫伏级的,因此心电信号经过仪器仪表放大电路只放大了 5 倍,所以放大倍数不够大或杂波干扰比较大时,示波器显示不出心电信号波形,如图 6-24 所示。把信号测量调为测量直流信号,可以测到参考电压,参考电压约为 1.65V,如图 6-25 所示。

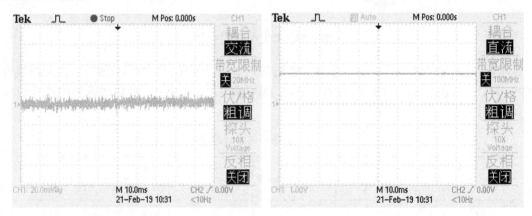

图 6-24 心电仪器仪表交流信号测量　　图 6-25 心电仪器仪表直流信号测量

6.5.5 信号放大滤波电路实测分析

心电信号经过运放 A_{107B} 放大了 31 倍,测量测试点 TP16,此时已经可以看到心电信号;然后心电信号经过运放 A_{107A} 再次放大了 2.125 倍,测量测试点 TP19,将心电信号的峰峰值记录在表 6-16 中,并计算实际的增益。

表 6-16 心电信号峰峰值和增益值

序 号	1	2
测试点	TP16	TP19
V_{pp}/V		
增益 A		

6.5.6 导联脱落检测电路实测分析

测量测试点 TP26_LEAD_OFF,将心电电极连接与脱落时信号的电压值记录在表6-17中。

表 6-17 测试点 TP26_LEAD_OFF 信号电平

序 号	心电导联线	V_o/V
1	连接	
2	脱落	

根据所测得的数据,分析测试点 TP26_LEAD_OFF 高低电平代表的探头连接状态。

6.6 LY-E501 医学信号采集软件(心电模块)

LY-E501 医学信号采集软件(心电模块)用于采集心电信号,并将心电波形显示在软件界面对应的区域。

首先,把心电电路板安装在系统设备上,将心电导联线接入医学电子学设备的 ECG/RESP 接口处,心电导联线的 RA、LA 和 RL 电极接到心电模拟器对应的端口,此处模拟器以选择心率 80 为例;然后打开医学电子学设备的电源开关,并将蓝牙主机插到计算机的 USB 接口,使蓝牙主机与从机成功配对连接。

最后,打开串口,软件会自动跳转到心电模块,同时在界面的右侧显示心电导联线的连接情况,如图6-26所示。要确保心电导联线处于连接状态,若显示导联脱落,需检查心电导联线与设备的连接情况,直到成功连接。

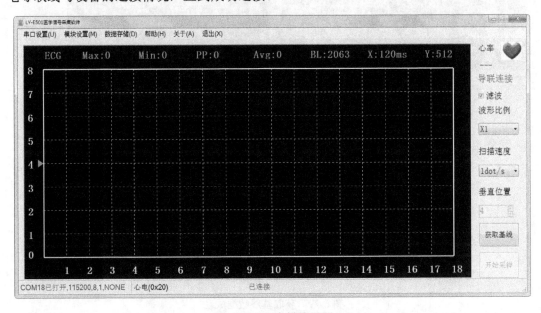

图 6-26 心电模块界面

打开串口后,如果界面没有自动跳转到心电模块,则需手动选择模块。打开菜单栏中的"模块设置(M)"标签页,然后选择"心电(0x20)"选项,如图6-27所示。

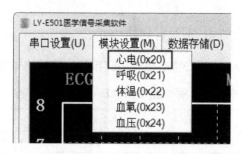

图 6-27 设置心电模块

单击"获取基线"按钮,如图 6-28 所示。

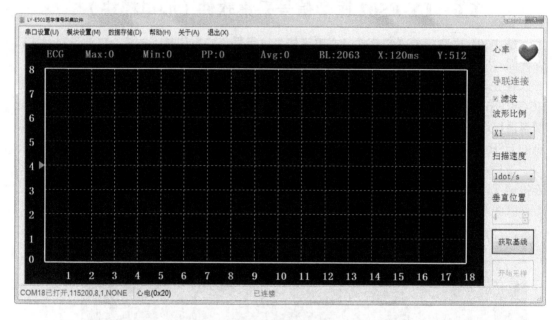

图 6-28 获取基线

在弹出的获取基线数据成功对话框中,单击"确定"按钮,如图 6-29 所示。

图 6-29 获取基线数据成功

然后再单击"开始采样"按钮,如图 6-30 所示。

第 6 章 心电测量电路设计实验

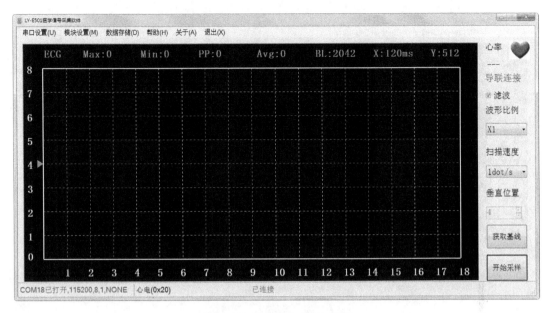

图 6-30 心电信号开始采样

此时将在波形显示窗口中显示医学电子学设备采集到的心电波形，如图 6-31 所示。

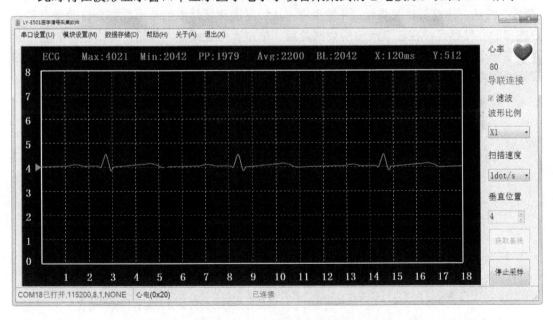

图 6-31 显示心电波形

可以通过选择波形比例改变心电波形的显示比例，通过选择扫描速度改变心电波形在一帧画面中显示的数量，通过调节垂直位置改变心电波形的纵坐标显示位置。如图 6-32 所示，波形比例选择 X2，扫描速度选择 3dot/s，垂直位置选择 4。同时，在界面的右上角可以看到心率值为 80。

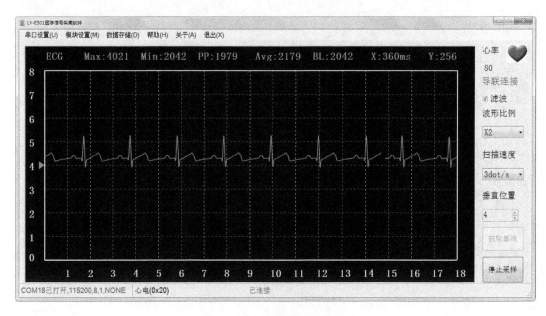

图 6-32　改变心电波形显示

数据存储：当需要存储心电数据时，选择数据存储路径并勾选"保存数据"，然后单击"确定"按钮；接着再获取基线，开始采样，从机发送到软件中的心电数据会自动保存到用户选择的存储路径；在获取所需的数据量后，单击"停止采样"按钮。每次保存的数据会存放在一个 Excel 表格中。利用心电数据绘制的折线图如图 6-33 所示。用户可以通过 Excel 表格对数据进行初步分析，比如计算心率。

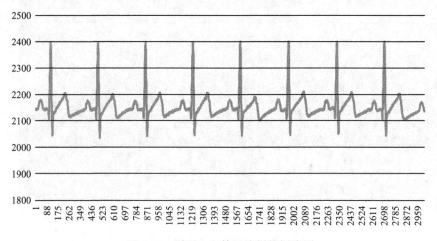

图 6-33　利用心电数据绘制的折线图

本 章 任 务

1. 参考仪器仪表放大电路的仿真思路，利用信号发生器和示波器，实测心电电路板上的仪器仪表放大电路的等效输入噪声并计算共模抑制比；设计实验步骤并详细记录实验数据。

2．通过示波器检测测试点 TP19 上的心电波形，计算心率值。

3．通过 LY-E501 医学信号采集软件检测心电波形，计算心率值。

4．参照本章心电测量电路，改用其他导联方式设计一款心电测量系统，设计、制作并调试电路板。

本 章 习 题

1．简述本章Ⅲ导联法测量心电的原理。
2．本章心电测量电路中为什么要引入右腿驱动电路？
3．在图 6-7 中，双向模拟开关的作用是什么？
4．简述导联脱落检测电路的工作原理。

第7章 呼吸参数测量电路设计实验

7.1 实验内容

本章将学习呼吸各项参数的医学临床意义，了解呼吸参数的各种测量方法，并对比各种方法的差异和优缺点，理解呼吸参数测量原理和电路设计原理，掌握呼吸参数测量电路理论推导、仿真和实测。通过学习要掌握以下几点：①阻抗式呼吸参数测量的工作原理；②呼吸参数测量电路设计原理；③呼吸参数信号处理过程；④自行设计出各项参数可控的简易呼吸参数测量电路。

7.2 呼吸参数测量原理

呼吸是人体得到氧气输出二氧化碳，调节酸碱平衡的一个新陈代谢过程，这个过程通过呼吸系统完成。呼吸系统由肺、呼吸肌（尤其是膈肌和肋间肌），以及将气体带入和带出肺的器官组成。呼吸监测技术主要监测肺部的气体交换状态或呼吸肌的效率。典型的呼吸监护参数包括呼吸频率、呼气末二氧化碳分压、呼气容量及气道压力。呼吸监护仪多以风叶作为监控呼吸容量的传感器，呼吸气流推动风叶转动，用红外线发射和接收元件探测风叶转速，经电子系统处理后显示潮气量和分钟通气量。气道压力检测利用放置在气道中的压电传感器进行检测。这些检测需要在病人通过呼吸管道进行呼吸时才能测得。呼气末二氧化碳分压的监护也需要在呼吸管道中进行，而呼吸率的监护不必受此限制。

本章讨论的呼吸测量专指呼吸率测量，对呼吸率的测量一般并不需要测量其全部参数，只要求测量呼吸频率。呼吸频率指单位时间内呼吸的次数，单位为次/min。平静呼吸时新生儿为60～70次/min，成人为12～18次/min。呼吸率在监护中主要有热敏式和阻抗式两种测量方法。

热敏式呼吸测量是将热敏电阻放在鼻孔处，呼吸气流与热敏电阻发生热交换，会改变热敏电阻的阻值。当鼻孔气流周期性地流过热敏电阻时，热敏电阻阻值也周期性地改变。根据这个原理，将热敏电阻接在惠斯通电桥的一个桥臂上，就可以得到周期性变化的电压信号，电压周期就是呼吸周期。因此，经过放大处理后就可以得到呼吸率。

阻抗式呼吸测量是目前呼吸设备中应用最为常见的一种方法，主要利用人体某部分阻抗的变化来进行某些参数的测量，以此帮助监护及诊断。由于该方法具有无创、安全、简单、廉价且不会对病人产生任何副作用等优点，故近来得到了广泛的应用与发展。本实验正是以阻抗式测量呼吸，实现了在一定范围内对呼吸的精确测量。

7.2.1 阻抗式呼吸测量

人体呼吸运动时，胸壁肌肉交变张弛，胸廓交替变形，肌体组织的阻抗也随之交替变化，变化量为0.1～3Ω，称为呼吸阻抗（肺阻抗）。肺阻抗与肺容量存在一定的关系，肺阻抗随肺容量的增大而增大。阻抗式呼吸测量就是根据肺阻抗的变化而设计的。

7.2.2 影响呼吸测量的因素

影响呼吸测量的因素有以下几种：
（1）不恰当地放置电极会影响对阻抗变化的测量。
（2）皮肤接触不良会导致信号不良。
（3）外部干扰。病人的移动，骨骼、器官、起搏器的活动以及电外科手术器械的电磁干扰都会影响呼吸信号。对于活动的病人不推荐进行呼吸监护，因为会产生错误警报。正常的心脏活动已经被过滤，但是，如果电极之间有肝脏和心室，那么搏动的血液产生的阻抗变化会干扰信号。

7.3 呼吸测量电路设计

7.3.1 呼吸测量电路设计思路

呼吸测量电路主要由载波电路、仪器仪表放大电路、检波解调电路以及各种滤波电路组成，电路结构图如图 7-1 所示。

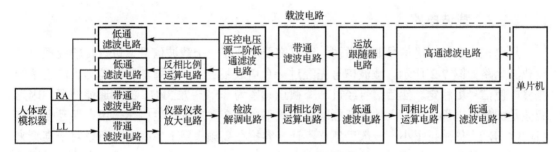

图 7-1 呼吸测量电路结构图

载波电路：因为人体中不只有阻抗，还有容抗和感抗，在一定的频率信号的激励下，容抗和感抗很小，可以忽略不计，所以将呼吸信号调制到一个高频信号上，该高频信号可称为载波。

载波：未受调制的周期性振荡信号，载波可以是正弦波，也可以是非正弦波（如周期性脉冲序列），载波受调制后称为已调信号，它含有调制信号的全波特征。载波频率通常比输入信号的频率高，属于高频信号，输入信号被调制到一个高频载波上，就好像搭乘了一列高铁或一架飞机，然后被发射和接收。载波是传送信息的物理基础和承载工具。

本实验中的载波信号从单片机中输出，本系统设计的载波信号是幅值约为 1.2V、频率为 32kHz 的正弦波；载波信号先经过一个高通滤波电路，滤除低频信号；为防止载波信号的基线漂移，提高驱动能力、带载能力和信号的稳定性，使载波信号经过一个运放跟随器电路；本系统中设置的载波信号频率为 32kHz，使信号经过一个带通滤波电路，滤除该范围之外的高频信号和低频信号；然后载波信号再经过一个压控电压源二阶低通滤波电路放大信号，而且在放大时不会产生自激振荡，二阶低通滤波电路会使输出电压在高频段以更快的速率下降，滤波效果会更好；最后再经过一个低通滤波电路就输出了 LL 信号的载波信号，为了实现信号的最大化和提高信号的基线稳定性，使 RA 的载波信号与 LL 的相位相反，所以经过一个反相比例运算电路。这样就实现了通过电极将载波信号加至人体胸部或模拟器，由呼吸产生的阻抗变化所引起的电信号就调制在载波信号上，调制方式是调幅。

仪器仪表放大电路：调制在载波信号上的呼吸信号经过一个带通滤波电路，滤除低频信号和高频杂波的干扰。因为通过电极获得的信号很微弱，在检波解调之前必须经过放大电路进行放大。由于从电极出来的信号源本身是高内阻的微弱信号，加上其他因素（如生物电信号采集、电极与皮肤的接触阻抗等），常常使得阻抗高达 100kΩ 左右，因此为了避免信号失真，放大器选择具有高输入阻抗和高共模抑制比特性的仪器仪表放大电路。

检波解调电路：调制在载波信号上的呼吸信号经过放大后，为了获取呼吸信号，需要在进一步放大之前进行解调，本系统利用检波解调电路对信号进行解调。解调出来的信号仍然比较小，需要经过同相比例运算电路放大信号，同时利用低通滤波电路对干扰信号进行滤除，最终把呼吸信号送到单片机进行处理。

7.3.2 电源电路

呼吸测量电路的电源转换电路有 VIN 转 7.5V 电路、7.5V 转 5V 电路、5V 转-5V 电路和 5V 转 3.3V 电路。电源转换电路具体分析可参考 2.1 节。

7.3.3 载波电路

从电极出来的呼吸信号非常微弱，所以需要承载在一个载波信号上进行传输处理，呼吸载波电路如图 7-2 所示。载波信号先经过一个运放跟随器，以增加驱动能力、防止基线漂移、使信号更稳定。然后信号经过一个截止频率为 15.9～72.3kHz 的带通滤波器。因为载波是加载在电极上的，人体在低频电流刺激下电极会与皮肤产生极化作用，而且会引起肌肉收缩，人体感抗很小，一般可忽略不计，容抗在高频作用下也很小，所以对于高频来说，基本上就是阻抗的变化，但是频率太高又容易使人体产生热效应，综合考虑，设置载波的频率为 32kHz。然后将载波信号放大 2 倍，即为 LL 的载波信号。RA 的载波信号与 LL 反相，因为设置载波相位相反可以加大测量范围。

（1）有源高通滤波电路。

载波信号 RESP_OSC 从单片机 DAC 输出后经过一个有源高通滤波电路，截止频率为 15.9Hz，如图 7-3 所示。载波信号经过运放跟随器 A_{201A} 后，可增强信号的驱动能力，提高带载能力，防止基线漂移，使信号更稳定。

（2）带通滤波电路。

为使载波信号顺利通过，同时尽可能滤除其他谐波分量，所以设计如图 7-4 所示的带通滤波电路，可得截止频率为

$$f_L = \frac{1}{2\pi \times R_{236} \times C_{215}} = \frac{1}{2 \times 3.14 \times 100k\Omega \times 100nF} \approx 15.9Hz$$

$$f_H = \frac{1}{2\pi \times R_{235} \times C_{219}} = \frac{1}{2 \times 3.14 \times 10k\Omega \times 220pF} \approx 72.3kHz$$

所以带通滤波器的截止频率为 15.9Hz～72.3kHz，载波频率设置为 32kHz 可以顺利通过。

第7章 呼吸参数测量电路设计实验

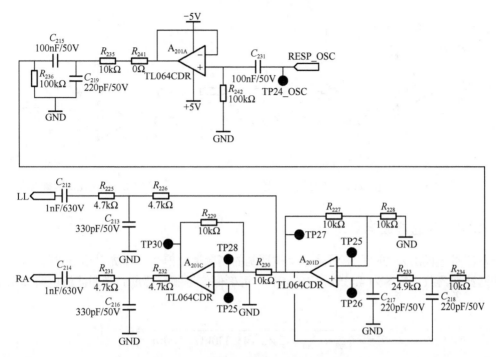

图 7-2 呼吸载波电路

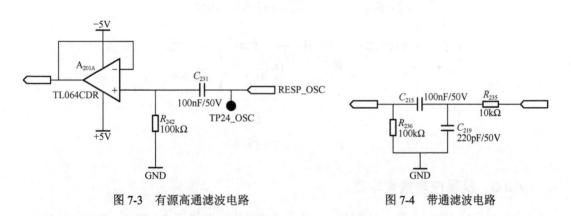

图 7-3 有源高通滤波电路　　　　图 7-4 带通滤波电路

（3）压控电压源二阶低通滤波电路。

如图 7-5 所示，载波信号经过一个压控电压源二阶低通滤波电路之后，信号放大了 2 倍。电路中的电容 C_{218} 是一个带有正反馈性质的反馈电容，正反馈电容如果引入得当，可以使得当信号频率等于截止频率时，电压放大倍数数值增大，又不会因正反馈过强而产生自激振荡。

根据图 7-5，可得通带电压放大倍数为

$$A_O = 1 + \frac{R_{227}}{R_{228}} = 2$$

（4）反相比例运算电路。

如图 7-6 所示，载波信号经过一个放大倍数为-1 倍的反相比例运算电路，使得 RA 的载波信号相位与 LL 的相反。

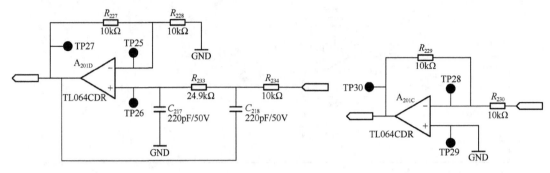

图 7-5　压控电压源二阶低通滤波电路　　　　图 7-6　反相比例运算电路

7.3.4　带通滤波电路

从测量电极出来的呼吸信号是一个被调制的高频调幅信号，需先对信号进行滤波。算得带通滤波器截止频率为 4.8kHz～1.6MHz，可确保信号顺利通过。带通滤波电路如图 7-7 所示。

$$f_L = \frac{1}{2\pi \times R_{207} \times C_{201}} = \frac{1}{2 \times 3.14 \times 330\text{k}\Omega \times 100\text{pF}} = 4.8\text{kHz}$$

$$f_H = \frac{1}{2\pi \times R_{201} \times C_{202}} = \frac{1}{2 \times 3.14 \times 10\text{k}\Omega \times 10\text{pF}} = 1.6\text{MHz}$$

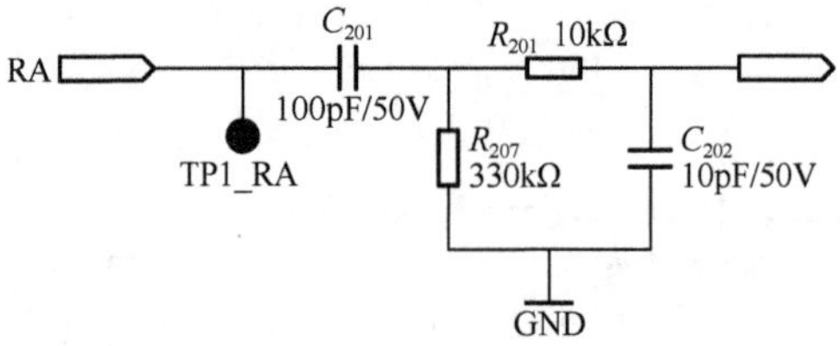

图 7-7　带通滤波电路

7.3.5　仪器仪表放大电路

由于信号幅度很小，因此需要放大。仪器仪表放大电路如图 7-8 所示，其输入阻抗高，共模抑制能力强，放大倍数为 30.4。

根据图 7-8，可得

$$U_{TP3} - U_{TP6} = \frac{R_{214}}{R_{211} + R_{214} + R_{218}} \times (U_{TP7} - U_{TP8})$$

$$U_{TP7} - U_{TP8} = \frac{R_{211} + R_{214} + R_{218}}{R_{214}} \times (U_{TP3} - U_{TP6})$$

$$U_{TP11} = \frac{R_{203}}{R_{202}} \times (U_{TP7} - U_{TP8}) = 30.4(U_{TP3} - U_{TP6})$$

第 7 章 呼吸参数测量电路设计实验

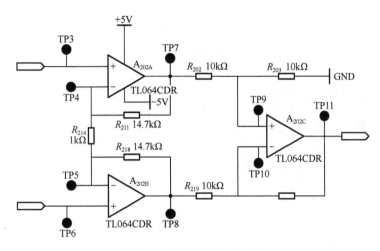

图 7-8 仪器仪表放大电路

7.3.6 检波解调电路

检波解调电路如图 7-9 所示，该电路主要是利用二极管的单向导通特性，用于解调高频调幅信号，检出高频信号幅值变化的包络线，即检出随阻抗变化的信号。电阻 R_{215} 和电容 C_{207} 组成无源低通滤波器，滤除高频载波信号。

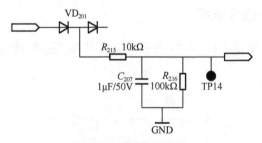

图 7-9 检波解调电路

7.3.7 基线调节电路

如图 7-10 所示，A_{203B} 组成同相比例运算电路对呼吸信号进行放大，放大倍数约为 41 倍。DA 输入为直流，可以忽略不计。按交流信号计算，则有

$$-\frac{U_{TP13}}{R_{209}} = \frac{U_{TP13} - U_{TP15}}{R_{210}}$$

$$U_{TP15} \approx 41 U_{TP13}$$

DA 的输入主要是调节输出信号的基线 RESP_BASE，由单片机产生。因为不同个体的人体阻抗不一样，输出的信号也会不一样，假若没有使信号都在同一条基线上波动，那么输出的信号就会漂动，不利于后级的信号处理，DA 可以针对不同的信号去调节，兼容性强。经过检波解调出来的信号很微弱，运放的输入阻抗高，能够使信号无损地从运算放大器上输出，因此 A_{202D} 主要起到了缓冲的作用。根据图 7-10，按直流信号计算，DA 的电压为 U_{TP12}，则基线抬高的电压值为

$$-\frac{R_{210}}{R_{208}+R_{209}} \times U_{TP12}$$

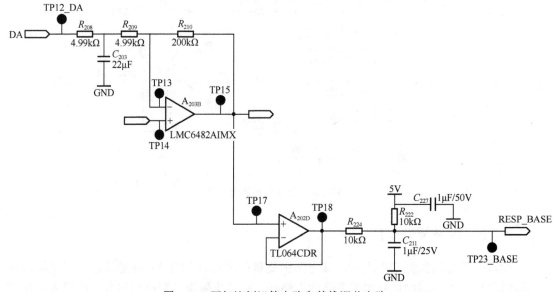

图 7-10 同相比例运算电路和基线调节电路

7.3.8 无源低通滤波电路

无源低通滤波电路如图 7-11 所示，电阻 R_{213} 和电容 C_{206} 组成无源低通滤波器，截止频率为 15.9Hz。

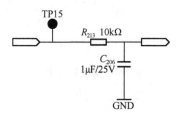

图 7-11 无源低通滤波电路

7.3.9 同相比例运算电路

同相比例运算电路如图 7-12 所示，RESP_INST 接高电平，则 MOS 晶体管导通，信号经过 MOS 晶体管接地，用于调零；RESP_INST 接低电平，则 MOS 晶体管不导通，电容 C_{204} 用于滤除前级加入的直流分量。OFFSET 为直流信号，用于抬高信号基线。A_{203A} 组成同相比例运算电路对呼吸信号进行放大，放大倍数约为 101 倍。

$$\frac{U_{TP19}}{R_{205}} = \frac{U_{TP21}-U_{TP19}}{R_{206}}$$

$$U_{TP21}=101U_{TP19}$$

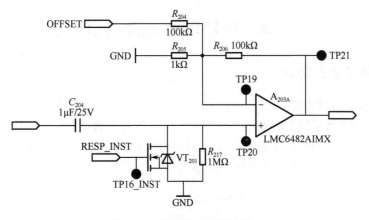

图 7-12 同相比例运算电路

7.3.10 钳位二极管电路

如图 7-13 所示,为了防止信号放大后幅值过大,直接输入会损坏单片机,所以在信号输出中加了钳位二极管 VD_{202},使电压维持在 $-0.7 \sim 4.0V$ 之间,以保护单片机。电阻 R_{212} 电容和 C_{205} 组成无源低通滤波电路。

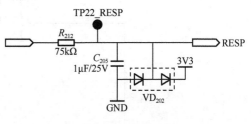

图 7-13 无源低通滤波电路和钳位二极管电路

7.3.11 直流分量 OFFSET 电路

OFFSET 的作用是提供一个直流分量,以抬高信号的基线。因为如果没有 OFFSET,放大后的呼吸信号的底端会被截止失真,所以要把信号基线抬高。直流分量 OFFSET 电路如图 7-14 所示。

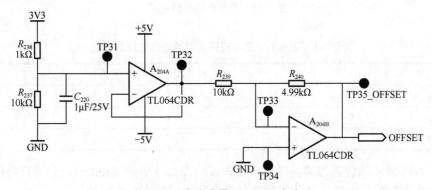

图 7-14 直流分量 OFFSET 电路

$$U_{TP31} = \frac{R_{237}}{R_{238}+R_{237}} \times 3.3V = \frac{10k\Omega}{1k\Omega+10k\Omega} \times 3.3V = 3V$$

$$U_{TP31} = U_{TP32} = 3V$$

$$U_{TP35} = -\frac{R_{240}}{R_{239}} \times U_{TP32} = -\frac{4.99k\Omega}{10k\Omega} \times 3V = -1.5V$$

7.4 呼吸测量电路仿真

7.4.1 载波电路仿真

（1）有源高通滤波电路。

搭建如图 7-15 所示的有源高通滤波电路。输入信号有效值为 1V、频率为 f。通过输入不同频率的正弦波，将输出信号电压和计算的增益记录在表 7-1 中。分析仿真结果并结合理论计算，掌握有源高通滤波电路的基本结构和工作原理。

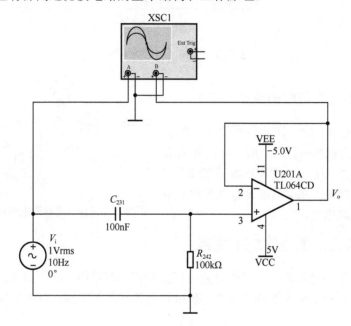

图 7-15　有源高通滤波电路

表 7-1　输入不同频率正弦波时的输出电压和增益

序　号	1	2	3	4	5	6
f/Hz	1	10	20	50	100	1k
V_o/mV						
$20\lg|V_o/V_i|$/dB						

在图 7-15 所示的仿真电路基础上，连接波特图仪（Bode Plotter），分析波特图。当放大电路的增益下降 3dB 时，信号的频率是多少？并与理论计算对比。

（2）带通滤波器电路。

搭建如图 7-16 所示的带通滤波器电路，输入有效值为 100mV 的正弦波信号。通过改变输入信号频率，观察输出信号波形，并将输出信号电压值和计算的增益记录在表 7-2 中。分析仿真结果并结合理论计算，掌握带通滤波器的基本结构和工作原理。

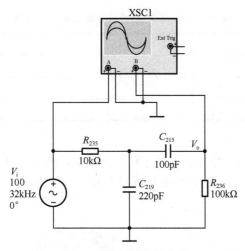

图 7-16 带通滤波器电路

表 7-2 输入不同频率正弦波时的输出电压和增益

序 号	1	2	3	4	5	6
f/Hz	500	1k	32k	50k	100k	150k
V_o/mV						
$20\lg|V_o/V_i|$/dB						

在图 7-16 所示的仿真电路基础上,连接波特图仪(Bode Plotter),分析波特图。当放大电路的增益下降 3dB 时,信号的频率是多少?并与理论计算对比。

(3)压控电压源二阶低通滤波电路。

搭建如图 7-17 所示的压控电压源二阶低通滤波电路。根据电阻 R_{227} 不同的阻值,将输出信号的电压和计算的增益记录在表 7-3 中。分析仿真结果并结合理论计算,掌握压控电压源二阶低通滤波电路的基本结构和工作原理。

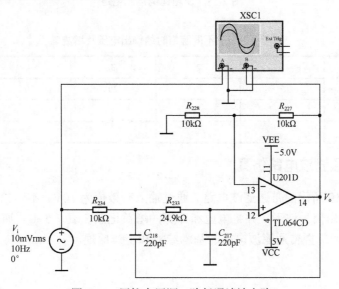

图 7-17 压控电压源二阶低通滤波电路

表 7-3 R_{227} 不同阻值时的输出电压及增益

序 号	1	2	3	4	5
R_{227}/kΩ	10	20	30	40	50
V_o/V					
增益 A					

（4）反相比例运算电路。

搭建如图 7-18 所示的反相比例运算电路。根据电阻 R_{229} 不同的阻值，将输出信号的电压和计算的增益记录在表 7-4 中。分析仿真结果并结合理论计算，掌握反相比例运算电路的基本结构和工作原理。

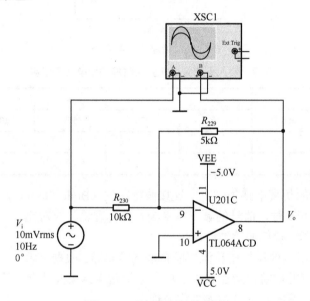

图 7-18 反相比例运算电路

表 7-4 R_{229} 不同阻值时的输出电压及增益

序 号	1	2	3	4	5
R_{229}/kΩ	5	10	20	30	40
V_o/V					
增益 A					

7.4.2 带通滤波电路仿真

搭建如图 7-19 所示的带通滤波电路。通过输入有效值为 10V、不同频率的正弦波，观察和对比输入/输出信号波形，并将电压和计算的增益记录在表 7-5 中。通过分析仿真结果并结合理论计算，掌握带通滤波电路的基本结构和工作原理。

表 7-5 输入不同频率正弦波时的输出电压和增益

序 号	1	2	3	4	5	6
f/Hz	500	1k	32k	50k	100k	150k
V_o/mV						
$20\lg|V_o/V_i|$/dB						

在图 7-19 所示的仿真电路基础上,连接波特图仪(Bode Plotter),分析波特图。当放大电路的增益下降 3dB 时,信号的频率是多少?并与理论计算对比。

7.4.3 仪器仪表放大电路仿真

搭建如图 7-20 所示的仪器仪表放大电路。输入信号为有效值 5mV、频率为 1Hz 的正弦波。根据电阻 R_{214} 不同的阻值,观察输入/输出波形,将输出信号的电压和计算的增益记录在表 7-6 中。分析仿真结果并结合理论计算,掌握仪器仪表放大电路的基本结构和工作原理。

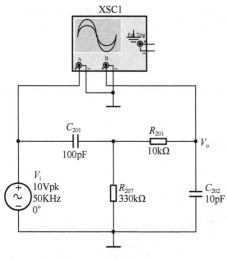

图 7-19 带通滤波电路

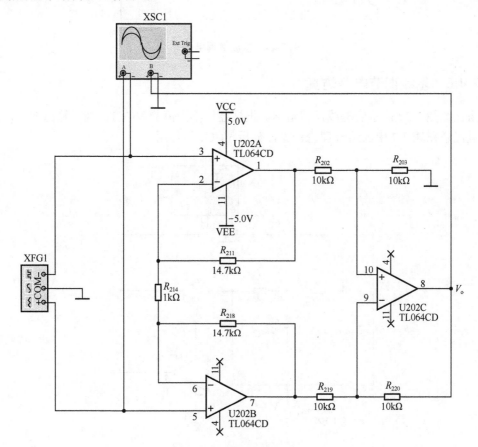

图 7-20 仪器仪表放大电路

表 7-6　R_{214} 不同阻值时的输出电压及增益

序　号	1	2	3	4	5
$R_{214}/\mathrm{k}\Omega$	1	3	5	7	10
V_o/V					
增益 A					

7.4.4　检波解调电路仿真

搭建如图 7-21 所示的检波解调电路。观察分析输出波形，并解释原因。

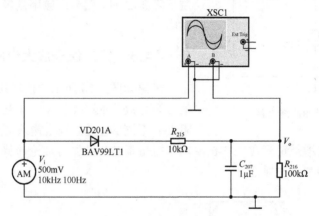

图 7-21　检波解调电路

7.4.5　基线调节电路仿真

搭建如图 7-22 所示的基线调节电路。根据连接不同值的 VCC1，观察输出波形，并将偏移量记录在表 7-7 中。结合理论计算，分析 VCC1 的作用。

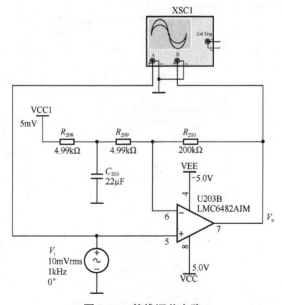

图 7-22　基线调节电路

表 7-7　VCC1 不同电压值时输出信号基线偏移量

序　号	1	2	3	4	5
VCC1/mV	5	10	50	100	150
偏移量/V					

7.4.6　无源低通滤波电路仿真

搭建如图 7-23 所示的无源低通滤波电路。通过输入不同频率正弦波，观察和对比输入/输出波形，并将电压和计算的增益记录在表 7-8 中。分析仿真结果并结合截止频率的理论计算，掌握无源低通滤波电路的基本结构和工作原理。

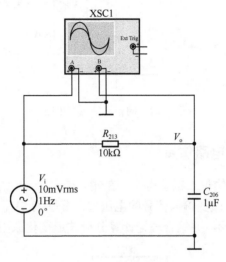

图 7-23　无源低通滤波电路

表 7-8　输入不同频率正弦波时的输出电压和增益

序　号	1	2	3	4	5	6
f/kHz	5	10	15	20	25	30
V_o/mV						
$20\lg|V_o/V_i|$/dB						

在图 7-23 所示的仿真电路基础上，连接波特图仪（Bode Plotter），分析波特图。当放大电路的增益下降 3dB 时，信号的频率是多少？并与理论计算对比。

7.4.7　同相比例运算电路仿真

搭建如图 7-24 所示的同相比例运算电路，改变开关 S1 和 S2 的闭合或断开状态，观察输出信号的波形，并分析信号变化原因；根据输入信号和同相比例运算电路的原理，计算输出电压的理论值，并与仿真结果对比。

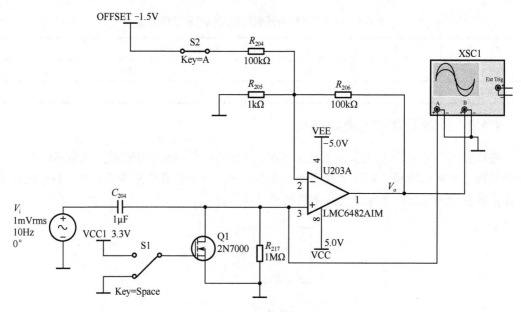

图 7-24　同相比例运算电路

7.4.8　钳位二极管电路仿真

搭建如图 7-25 所示的钳位二极管电路，在输入信号为 1V 的情况下，闭合、断开开关 S，观察输出信号的波形；改变输入信号的电压值，分别为 2V、4V 和 5V，观察开关 S 闭合和断开情况下的输出波形，并结合理论计算分析波形变化原因。

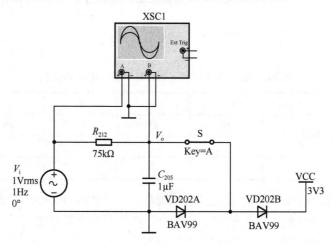

图 7-25　钳位二极管电路

7.4.9　直流分量 OFFSET 电路仿真

搭建如图 7-26 所示的直流分量 OFFSET 电路。将万用表 XMM1 和 XMM2 测得的电压值记录在表 7-9 中，与理论计算对比并分析。

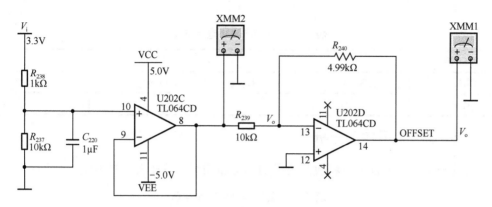

图 7-26 直流分量 OFFSET 电路

表 7-9 万用表 XMM1 和 XMM2 测得的电压值

序 号	1	2
万用表	XMM1	XMM2
V_o/V		

7.5 呼吸测量实测分析

7.5.1 电源电路实测分析

如图 7-27 所示,将呼吸电路板插入 LY-E501 型医学电子学开发套件插槽,接入心电导联线。本实验使用呼吸模拟器产生呼吸信号,分别将心电导联线的 2 个电极接到呼吸模拟器对应的端口。设备供电后观察呼吸电路板上的 3V3_LED 和 5V_LED 是否正常点亮。

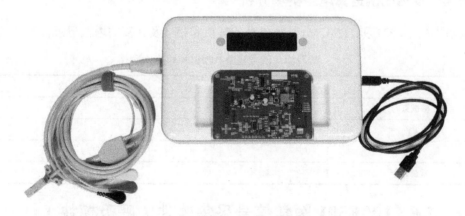

图 7-27 呼吸实测连接图

用万用表测量各电压值是否正常,包括 7.5V、5V、-5V 和 3.3V。测量测试点 TP36_7V5、TP41_5V、TP42_-5V 和 TP40_3V3,并将测得的电压值记录在表 7-10 中。

表 7-10 呼吸电路板电源电压

序　号	1	2	3	4
测试点	TP36_7V5	TP41_5V	TP42_-5V	TP40_3V3
V_o/V				

7.5.2 载波信号实测分析

测量测试点 TP24_OSC，将载波信号的幅值和频率记录在表 7-11 中。

表 7-11 载波信号幅值和频率

序　号	1	2
测量内容	幅值	频率
测量值		

7.5.3 压控电压源二阶低通滤波器实测分析

测量测试点 TP26 和 TP27，分别将信号的幅值和计算的增益记录在表 7-12 中。

表 7-12 信号幅值和增益

序　号	1	2
测试点	TP26	TP27
V_o/V		
增益 A		

7.5.4 反相比例运算电路实测分析

测量测试点 TP27 和 TP30，分别将信号的幅值和相位及计算的增益记录在表 7-13 中。

表 7-13 信号幅值、相位和增益

序　号	1	2
测试点	TP27	TP30
V_o/V		
φ		
增益 A		

7.6 LY-E501 医学信号采集软件（呼吸模块）

LY-E501 医学信号采集软件（呼吸模块）用于采集呼吸信号，并将呼吸波形显示在软件界面对应的区域。

首先，把呼吸模块板安装在系统设备上，将心电导联线接入医学电子学设备的 ECG/RESP 接口处，心电导联线的 RA 和 LL 电极接到呼吸模拟器对应的端口，此处模拟器以选择呼吸率 60 BPM 为例，然后打开医学电子学设备电源开关，并将蓝牙主机插入计算机的 USB 接口，使蓝牙主机与从机成功配对连接。

打开串口，软件会自动跳转到呼吸模块，如图 7-28 所示。

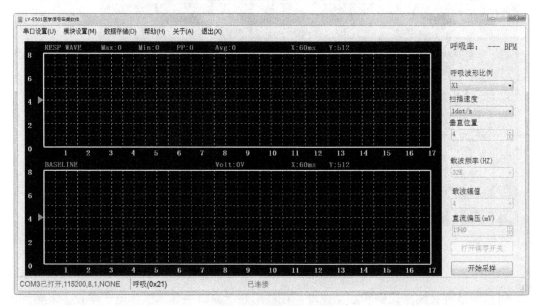

图 7-28　呼吸模块界面

打开串口后，如果软件没有自动跳转到呼吸模块，则需手动选择模块。单击菜单栏中的"模块设置（M）"标签页，选择"呼吸（0x21）"选项。单击"开始采样"按钮，如图 7-29 所示。

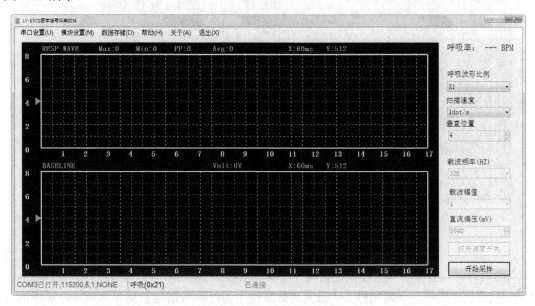

图 7-29　呼吸信号开始采样

呼吸波形需要通过不断地调节直流偏压才会显示，如图 7-30 所示。

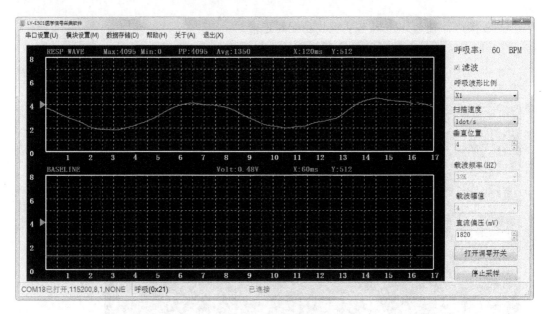

图 7-30　调节直流偏压

可以调节呼吸波形比例和扫描速度，在波形显示窗口中显示医学电子学设备采集到的呼吸信号，如图 7-31 所示。同时，在界面的右上角可以看到呼吸率值为 60。

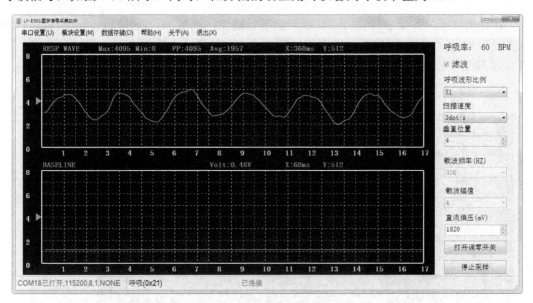

图 7-31　显示呼吸波形

数据存储：当需要存储呼吸数据时，选择数据存储路径并勾选"保存数据"，然后单击"确定"按钮；接着再开始采样，从机发送到软件中的呼吸数据会自动保存到用户选择的存储路径；在获取所需的数据量后，单击"停止采样"按钮。每次保存的数据会存放在一个 Excel 表格中。利用呼吸数据绘制的折线图如图 7-32 所示。用户可以通过 Excel 表格对数据进行初步分析，比如计算呼吸率。

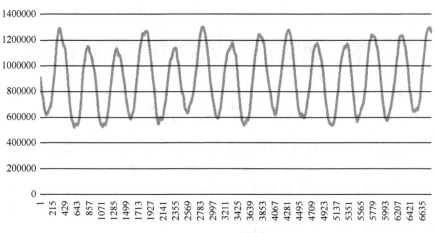

图 7-32 呼吸数据波形

本 章 任 务

1．利用信号发生器和示波器，实测呼吸电路板上的仪器仪表放大电路的等效输入噪声并计算共模抑制比。

2．利用信号发生器和示波器，实测呼吸电路板上的压控电压源二阶低通滤波器的截止频率，并与仿真结果进行对比。

3．通过示波器检测测试点 TP22 上的呼吸波形，计算呼吸率。

4．通过 LY-E501 医学信号采集软件检测呼吸波形，计算呼吸率。

5．参照本章呼吸测量电路，自行设计一款基于微控制器的呼吸测量系统，设计并测试验证电路板。

本 章 习 题

1．简述呼吸阻抗的测量方法及各自的特点。

2．通过 Multisim 仿真检波电路，更换不同容值的电容，观察前后的变化并简述发生变化的原因。

3．简述呼吸测量系统中载波信号的作用。

4．简述基线调节电路的作用。

5．简述带单片机的呼吸测量系统的设计思路。

第8章 血氧饱和度测量电路设计实验

8.1 实 验 内 容

本章将学习血氧各项参数的医学临床意义,了解各种血氧测量方法,并对比各种方法的差异和优缺点,理解血氧饱和度测量原理和电路设计原理,掌握血氧饱和度测量电路理论推导、仿真和实测。通过学习要掌握以下几点:①指套式光电传感器测量血氧饱和度的工作原理;②血氧饱和度测量电路设计原理;③血氧饱和度信号处理过程;④自行设计出各项参数可控的简易血氧饱和度测量电路。

8.2 血氧饱和度测量原理

血氧饱和度(SpO_2)即血液中血氧的浓度,它是呼吸循环的重要生理参数。临床上,一般认为 SpO_2 正常值不能低于94%,低于94%被认为供氧不足,有学者将 SpO_2<90%定为低氧血症的标准。

人体内的血氧含量需要维持在一定的范围内才能够保持人体的健康,血氧不足时会导致注意力不集中、记忆力减退、头晕目眩、焦虑等症状。而如果人体长期缺氧,则会导致心肌衰竭、血压下降,以致人体无法维持正常的血液循环;更有甚者,长期缺氧会直接损害大脑皮层,造成脑组织的变性和坏死。相对地,如果人体血氧长期过高,则会加速体内细胞老化,以致人体各个器官提前衰竭,使人体无法维持正常的生理活动。监测血氧能够帮助预防生理疾病的发生,如果出现缺氧状况,能够及时做出补氧决策,减少因血氧导致的生理疾病发生的概率。

传统的血氧饱和度测量方法是利用血气分析仪对人体新采集的血样进行电化学分析,然后通过相应的测量参数计算出血氧饱和度。本实验采用的是目前流行的指套式光电传感器测量血氧的方法。测量时,只需将传感器套在人手指上,然后将采集的信号处理后传到上位机即可观察到人体血氧饱和度的情况。

血液中氧的含量可以用生理参数血氧饱和度(SpO_2)来表示。血氧饱和度(SpO_2)是血液中氧合血红蛋白(HbO_2)的容量占所有可结合的血红蛋白(HbO_2+Hb)即氧合血红蛋白和还原血红蛋白容量的百分比,即

$$SpO_2 = \frac{C_{HbO_2}}{C_{HbO_2} + C_{Hb}} \times 100\%$$

对同一种波长的光或者不同波长的光,氧合血红蛋白(HbO_2)和还原血红蛋白(Hb)对光的吸收存在很大的差别,而且在近红外区域内,它们对光的吸收存在独特的吸收峰;在血液循环中,动脉中的血液含量会随着脉搏的跳动而产生变化,即说明光透射过血液的光程也产生了变化,而动脉血对光的吸收量会随着光程的改变而改变,由此能够推导出血氧探头输出的信号强度随脉搏波的变化而变化,然后可根据朗伯-比尔定律推导出脉搏血氧饱和度。

8.2.1 脉搏信号

脉搏是指人体浅表可触摸到的动脉搏动。脉率是指每分钟的动脉搏动次数，在正常情况下脉率和心率是一致的。动脉的搏动是有节律的，脉搏波结构如图 8-1 所示。升支：脉搏波形中由基线升至主波波峰的一条上升曲线，是心室的快速射血时期；降支：脉搏波形中由主波波峰至基线的一条下降曲线，是心室射血后期至下一次心动周期的开始；主波：主体波幅，一般顶点为脉搏波形图的最高峰，反映动脉内压力与容积的最大值；潮波：又称为重搏前波，位于降支主波之后，一般低于主波而高于重搏波，反映左心室停止射血，动脉扩张降压，逆向反射波；降中峡：或称降中波，是主波降支与重搏波升支构成的向下的波谷，表示主动脉静压排空时间，为心脏收缩与舒张的分界点；重搏波：是降支中突出的一个上升波，为主动脉瓣关闭、主动脉弹性回缩波。脉搏波中含有人体重要的生理信息，对脉搏波和脉率的分析对于测量血氧饱和度具有重要的意义。

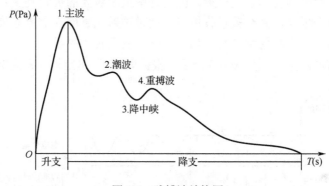

图 8-1 脉搏波结构图

8.2.2 朗伯-比尔定律

朗伯定律：当溶液的浓度一定时，光的吸收程度与溶液的厚度成正比。用公式表示为

$$A = k_1 L$$

其中，A 为吸光度，k_1 为比例常数，L 为液层厚度。

比尔定律：1852 年比尔（Beer）在研究各种无机盐对红光的吸收后指出，在溶液层的厚度一定的条件下，单色光通过溶液，溶液的吸光度与溶液的浓度成正比。用公式表示为

$$A = \lg \frac{I_0}{I} = k_2 c$$

其中，I_0 是入射单色光的强度，I 是透射光通过溶液后的强度，c 是溶液的浓度。

朗伯-比尔定律由朗伯定律和比尔定律合并得到，即

$$A = \lg \frac{I_0}{I} = kLc$$

或

$$I = I_0 10^{-kLc}$$

其中，k 是吸光系数，A 是吸光度，L 是液层厚度（一般单位为 cm），c 是溶液的浓度。朗伯-比尔定律模型如图 8-2 所示。

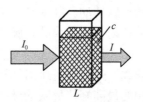

图 8-2　朗伯-比尔定律模型

朗伯-比尔定律阐述为，在一定波长处，光被透明介质吸收的比例与入射光的强度 I_0 无关，而与吸光物质的浓度 c 及吸收层的厚度 L 有关。

如图 8-2 所示，无脉搏时，入射光经过骨骼、皮肤、肌肉等组织和静脉血、动脉血，部分光被吸收，透射光强度为直流分量，因为这些组织对光的吸收几乎是不变的；脉搏搏动时，动脉血流量会增加，光会被吸收更多，此时透射光强度为交流分量。直流分量大于交流分量，它们的差值为脉搏跳动时增加的动脉血流吸收的光量。

测量光电脉搏波的原理图如图 8-3 所示。根据朗伯-比尔定律，在无脉搏时，直流分量透射光 I_{DC} 为

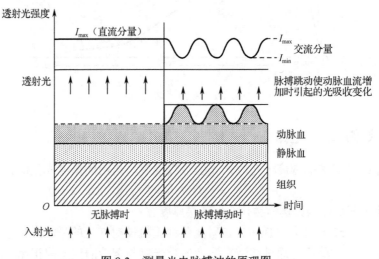

图 8-3　测量光电脉搏波的原理图

$$I_{DC} = I_0 10^{-K_0 C_0 L} 10^{-K_{HbO_2} C_{HbO_2} L} 10^{-K_{Hb} C_{Hb} L} \tag{8-1}$$

各参数含义如下：

I_0：入射光强度；

K_0：组织内骨骼、皮肤、肌肉等总的吸光系数；

C_0：吸光物质浓度；

K_{HbO_2}：氧合血红蛋白吸光系数；

C_{HbO_2}：氧合血红蛋白浓度；

K_{Hb}：还原血红蛋白吸光系数；

C_{Hb}：还原血红蛋白浓度；

L：光程。

当脉搏搏动时，假设透射过动脉血的光程变化了 ΔL（$\Delta L > 0$），那么交流分量 I_{AC} 为

$$I_{AC} = I_0 10^{-K_0 C_0 L} \times 10^{-K_{HbO_2} C_{HbO_2}(L+\Delta L)} \times 10^{-K_{Hb} C_{Hb}(L+\Delta L)} \tag{8-2}$$

$$I_{AC} = I_{DC} \times 10^{-(K_{HbO_2} C_{HbO_2} + K_{Hb} C_{Hb})\Delta L} \tag{8-3}$$

脉搏跳动时，增加的动脉血流吸收的光量 ΔI 为

$$\Delta I = I_{DC} - I_{AC} \tag{8-4}$$

由公式（8-3）、公式（8-4）可得

$$\frac{I_{DC} - \Delta I}{I_{DC}} = 10^{-(K_{HbO_2} C_{HbO_2} + K_{Hb} C_{Hb})\Delta L} \tag{8-5}$$

两边取对数，得

$$\lg \frac{I_{DC} - \Delta I}{I_{DC}} = -(K_{HbO_2} C_{HbO_2} + K_{Hb} C_{Hb})\Delta L \tag{8-6}$$

按泰勒级数展开公式（8-6），并取第一项。因为在透射光中，ΔI 占 I_{DC} 的比例很小，所以只取泰勒级数的第一项，可得

$$\lg \frac{I_{DC} - \Delta I}{I_{DC}} = -\frac{\Delta I}{I_{DC}} \tag{8-7}$$

将公式（8-7）代入公式（8-6），可得

$$\frac{\Delta I}{I_{DC}} = (K_{HbO_2} C_{HbO_2} + K_{Hb} C_{Hb})\Delta L \tag{8-8}$$

式（8-8）即为脉搏波传统光吸收模型的原理。式中的 ΔL 是一个未知数，而且 ΔL 会变化，随着测量对象的不同，它的值会改变，同时同一对象的不同部位也会得到不同的 ΔL。所以要用消元法把未知数 ΔL 消去。先用控制变量法，用不同波长的光照射同一对象的同一部位。

假设两种光的波长分别是 λ_1 和 λ_2，那么：

① 波长为 λ_1 的血流灌注指数（血流灌注指数是指被检测部位搏动血流和非搏动静态血流的比值）PI_1 为

$$PI_1 = \frac{\Delta I_1}{I_{DC_1}}$$

② 波长为 λ_2 的血流灌注指数 PI_2 为

$$PI_2 = \frac{\Delta I_2}{I_{DC_2}}$$

由此可得脉搏血氧信号特征值 R 为

$$R = \frac{PI_1}{PI_2} = \frac{\Delta I_1 / I_{DC1}}{\Delta I_2 / I_{DC2}} = \frac{K_{1HbO_2} C_{HbO_2} + K_{1Hb} C_{Hb}}{K_{2HbO_2} C_{HbO_2} + K_{2Hb} C_{Hb}}$$

转换可得

$$\frac{C_{HbO_2}}{C_{Hb}} = \frac{K_{1Hb} - RK_{2Hb}}{RK_{2HbO_2} - K_{1HbO_2}}$$

由此可得

$$\text{SpO}_2 = \frac{K_{2\text{Hb}}R - K_{1\text{Hb}}}{(K_{1\text{HbO}_2} - K_{1\text{Hb}}) - (K_{2\text{HbO}_2} - K_{2\text{Hb}})R} \tag{8-9}$$

选取恰当的波长 λ_2，在 λ_2 为入射光的情况下，氧合血红蛋白和还原血红蛋白的吸光系数相近，即

$$K_{2\text{HbO}_2} \approx K_{2\text{Hb}}$$

则公式（8-9）可转化为

$$\text{SpO}_2 = \frac{K_{2\text{Hb}}R - K_{1\text{Hb}}}{K_{1\text{HbO}_2} - K_{1\text{Hb}}} = \frac{K_{1\text{Hb}}}{K_{1\text{Hb}} - K_{1\text{HbO}_2}} - \frac{K_{2\text{Hb}}}{K_{1\text{Hb}} - K_{1\text{HbO}_2}}R$$

用光谱分析法可得常数 $K_{1\text{Hb}}$、$K_{2\text{Hb}}$、$K_{1\text{HbO}_2}$、$K_{2\text{HbO}_2}$ 的值。简化公式（8-9），令

$$A = \frac{K_{1\text{Hb}}}{K_{1\text{Hb}} - K_{1\text{HbO}_2}}$$

$$B = -\frac{K_{2\text{Hb}}}{K_{1\text{Hb}} - K_{1\text{HbO}_2}}$$

所以公式（8-9）可简化为

$$\text{SpO}_2 = A + BR \tag{8-10}$$

公式（8-10）即为脉搏血氧饱和度测量的标定公式。

根据以上推算，下面介绍在实际测量中如何计算出脉搏血氧信号特征值 R。

由公式（8-10）可认为 PI_1 为红光的血流灌注指数，PI_2 为红外光的血流灌注指数，则有

$$R = \frac{\text{PI}_1}{\text{PI}_2} = \frac{\Delta I_1 / I_{\text{DC1}}}{\Delta I_2 / I_{\text{DC2}}} \tag{8-11}$$

$$R = \frac{\text{PI}_{\text{red}}}{\text{PI}_{\text{ir}}} = \frac{\Delta I_{\text{red}} / I_{\text{redDC}}}{\Delta I_{\text{ir}} / I_{\text{irDC}}} \tag{8-12}$$

然后，在测得的如图 8-27 和图 8-26 所示的红光数据波形和红外光数据波形中，分别取波形上的最大值 $I_{\max}$ 和最小值 $I_{\min}$，用来表示 ΔI 和 I_{DC}，则有

$$\frac{\Delta I}{I_{\text{DC}}} = \frac{I_{\max} - I_{\min}}{(I_{\max} + I_{\min})/2} \tag{8-13}$$

由公式（8-12）和公式（8-13）可计算得出 R 值，将 R 值放大 1000 倍，然后通过查询附录 A 的 R 值表即可得到血氧饱和度（R 值表的制定是根据对大量数据测试的经验得出的，不同厂家的表值不同）。

R 值的具体计算公式如下：

$$R = \frac{\dfrac{I_{\text{redmax}} - I_{\text{redmin}}}{(I_{\text{redmax}} + I_{\text{redmin}})/2}}{\dfrac{I_{\text{irmax}} - I_{\text{irmin}}}{(I_{\text{irmax}} + I_{\text{irmin}})/2}} = \frac{(I_{\text{irmax}} + I_{\text{irmin}})(I_{\text{redmax}} - I_{\text{redmin}})}{(I_{\text{redmax}} + I_{\text{redmin}})(I_{\text{irmax}} - I_{\text{irmin}})} \tag{8-14}$$

8.2.3 脉搏血氧测量方法

血氧饱和度的测量方法有电化学法和光学法两种。电化学法的测量过程：首先进行动脉穿刺获取血液，然后使用血气分析仪来分析动脉血液，等待一段时间后得到血氧分压，再通过计算就得到血氧饱和度。该方法的测量结果精确，但是会有创伤，而且操作复杂，实时性差，所以仅在血氧饱和度需要十分精确的场合才使用电化学法。与电化学法相比，光学法是随着科学技术的进步而发展起来的无创测量技术，其测量结果越来越精确，被广泛应用于临床等各个领域。光学法是无创的，使用血氧探头获取信息，不需要刺穿动脉获取血液；同时，它可以连续测量，操作方便，实时性也好，但是测量结果的精确度稍逊于电化学法。

对于光学法中盛行的光电容积脉搏波检测法，依据获取信号的方式区分，又可以分为透射式和反射式，如图 8-4 所示。

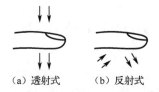

图 8-4　透射式和反射式检测方法示意图

在透射式脉搏血氧测量中，血氧指夹探头通常使用柔软的橡胶制成，在指夹内的上下部位分别嵌入光源和光电探测器。通常将探头放在人体血液丰富的部位进行测量，比如指尖或耳郭两端，此时接收电路端输出的脉搏波信号是含有背景光的。

在反射式脉搏血氧测量中，将传感器轻贴在动脉血液多的手指表面，光源采用双波长的发光管，光接收传感器采用光敏二极管，然后根据反射光的改变来实现血氧饱和度的监测。

8.3　血氧饱和度测量电路设计

8.3.1　血氧饱和度测量电路设计思路

血氧饱和度测量电路按照功能可以分为压控恒流源电路、血氧探头发光管驱动电路、差分比例运算电路、同相比例运算放大电路和低通滤波电路。血氧测量的电路结构图如图 8-5 所示。

压控恒流源电路：单片机控制压控恒流源电路，产生恒定电流。

血氧探头发光管驱动电路：由上一级电路驱动血氧探头发光管，使得透射式血氧探头按时序发出红光和红外光，利用血液中氧合血红蛋白 HbO_2 以及还原血红蛋白 Hb 对光吸收量不同（Hb 吸收较多的红光，HbO_2 吸收较多的红外光）的特性，交替用红光和红外光透过被测试的手指，然后由探头内的光敏二极管检测透射光，再根据光电效应转化为电信号，从而得到光电容积脉搏波信号。

差分比例运算电路：光电容积脉搏波信号通过差分比例运算电路，再通过同相比例运算放大器放大信号，并进行滤波，最终把血氧信号送回到单片机进行处理。

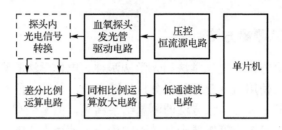

图 8-5 血氧测量电路结构图

8.3.2 电源电路

血氧测量电路的电源转换电路有 VIN 转 7.5V 电路、7.5V 转 5V 电路和 5V 转 3.3V 电路。电源转换电路具体分析可参考 2.1 节。

8.3.3 压控恒流源电路

在发光管驱动电路中，由晶体三极管和运算放大器组成的压控恒流源电路非常关键，如图 8-6 所示。

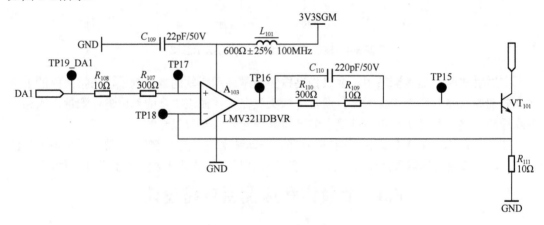

图 8-6 压控恒流源电路

对于晶体三极管 VT_{101}，有

$$I_C = \beta I_B \tag{8-15}$$

其中，β 为共射直流电流放大系数。

已知晶体三极管特性为

$$I_E = I_C + I_B \tag{8-16}$$

合并公式（8-15）和公式（8-16），可得

$$I_E = (\beta+1)I_B \tag{8-17}$$

由于运放"虚短"和"虚断"的特性，对于运放 A_{103} 有

$$U_{TP17} = U_{TP18} = U_{TP19\_DA1} \tag{8-18}$$

$$U_{TP17} = U_{TP18} = 0 \tag{8-19}$$

通过电路分析计算，可知

$$U_{TP18} = I_E R_{111} \tag{8-20}$$

合并公式（8-15）、公式（8-17）、公式（8-18）和公式（8-20），可得

$$I_C = \frac{\beta}{\beta+1} \times \frac{U_{TP19\_DA1}}{R_{111}} \tag{8-21}$$

由于 DA1 引脚连接了单片机的 DAC 接口，DAC 接口可以控制输出电压的高低，再经过这个压控恒流源电路，就可以通过控制 DA1 的电压来控制晶体三极管 I_C 端的电流，这样就实现了电压对电流的控制。

8.3.4 血氧探头发光管驱动电路

血氧探头发光管驱动电路如图 8-7 所示。RED-和 RED+分别连接血氧探头内的红光发光二极管和红外光二极管。为实现红外光、红光交替点亮的电压条件，它们之中每次只有一个通过选择端连接 3V3SGM（与 3V3SGM 连接的电容均用于过滤高频干扰），另一个通过选择端连接晶体三极管的集电极，控制选择的是使能端 IR_CS 及 RED_CS，选择器下方的压控恒流源电路提供了发光二极管的电流条件。在这个放大器加晶体三极管的电路中，当 DA1 输入端没有输入时，该晶体三极管是截止的；而当 DA1 有输入时，放大器会瞬间输出最高电压，下拉接地的反相端电压为 0，因而晶体三极管会瞬间导通，通过负反馈使

$$U_- = U_{DA1}$$

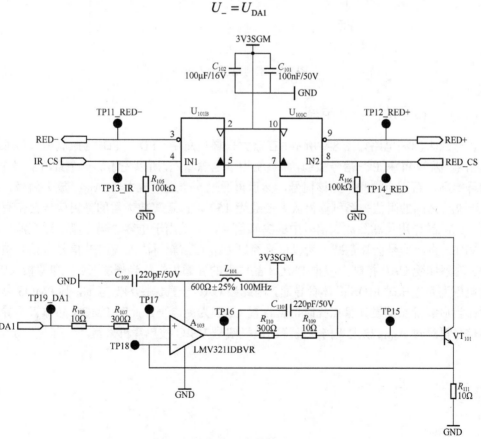

图 8-7 血氧探头发光管驱动电路

然后，在 U_{DA1} 小于某个值的范围内时，晶体三极管始终处于放大状态，因而有

$$I_C = I_E = \frac{U_-}{10} = \frac{U_{DA1}}{10}$$

这样，在晶体三极管的放大区内，就可以通过控制 U_{DA1} 的大小来控制电流大小，从而控制发光管的光强。

8.3.5 参考电压输出电路

如图 8-8 所示，在参考电压输出电路中，先用 3V3A 通过两个 100kΩ 电阻 R_{121}、R_{124} 分压得到 1.65V，之后通过有源低通滤波电路和无源低通滤波电路，将原始参考电压逐步滤波缓冲，最终得到平稳的 1.65V 参考电压输出。

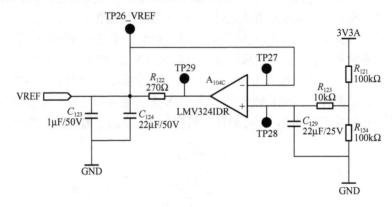

图 8-8 参考电压输出电路

8.3.6 信号放大滤波电路

信号放大滤波电路如图 8-9 所示。在放大采样电路中，PD+、PD-为血氧探头传输回来的电信号，因为 PD+、PD-信号微弱，而系统为单电源输入，所以先添加一个直流信号 VREF 把信号抬高，否则会检测不到该信号，然后再通过一个运算放大器 A_{104A} 放大信号，根据 R_{112} 和 R_{113} 之间的阻值关系可算得放大倍数为 150 倍；运算放大器的输出信号会带有干扰信号，C_{116} 的作用是滤除放大信号中的尖峰信号，但是由于电容"隔直流、通交流"的特性，VREF 直流信号会被衰减，所以信号经过 C_{116} 后重新再添加 VREF 信号来抬高电压。VREF 的添加受 CAP 控制，根据 PMOS 晶体管的导通特性，当栅极（G）和源极（S）之间的电压为负电压时 MOS 晶体管导通，因此当 CAP 一直保持为低电平，则 PMOS 晶体管导通；当血氧探头的发光管点亮时，就设置 CAP 为高电平，此时 PMOS 晶体管不导通。然后信号再经过 A_{104B} 放大 4 倍，最终的血氧信号 VSIG 被单片机采集。

第 8 章 血氧饱和度测量电路设计实验

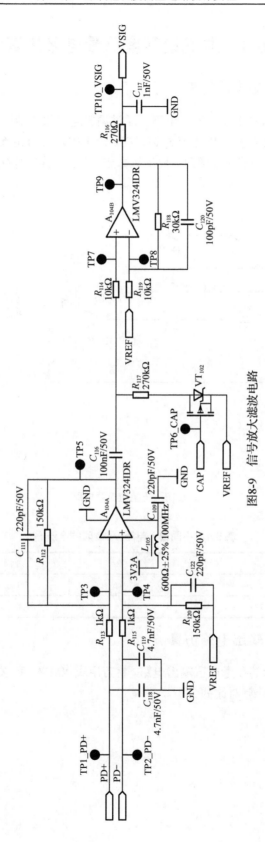

图8-9 信号放大滤波电路

8.4 血氧饱和度测量电路仿真

8.4.1 压控恒流源电路仿真

搭建如图 8-10 所示的压控恒流源电路。通过调整运算放大器同相输入端电压 VCC 的值 V_i，将万用表 XMM2 测得的电流值 I_E 记录在表 8-1 中。分析仿真结果并结合理论计算，当晶体三极管电流 I_E 达到截止电流时，反推运算放大器同相输入端电压 VCC 的截止电压。

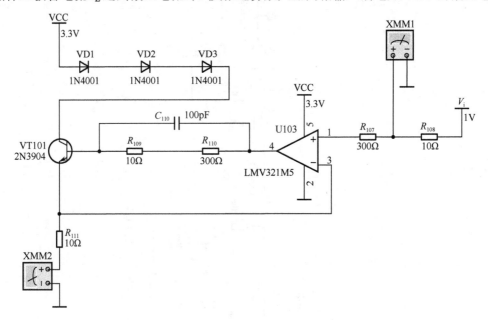

图 8-10　压控恒流源电路

表 8-1　不同输入电压 VCC 时的电流 I_E

序　号	1	2	3	4
V_i/V	0.3	0.5	1	2
I_E/mA				

8.4.2 参考电压输出电路仿真

搭建如图 8-11 所示的参考电压输出电路。将万用表 XMM1 和 XMM2 测得的电压值记录在表 8-2 中，与理论计算对比并分析。

第 8 章　血氧饱和度测量电路设计实验

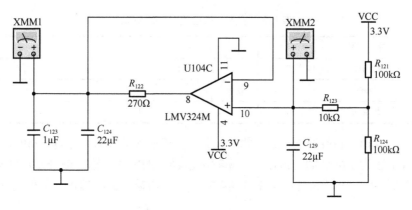

图 8-11　参考电压输出电路

表 8-2　万用表 XMM1 和 XMM2 测得的电压值

序　号	1	2
万用表	XMM1	XMM2
V_o/V		

8.4.3　信号放大滤波电路仿真

搭建如图 8-12 所示的信号放大滤波电路。反相输入端输入频率为 100Hz、有效值为 1mV 的交流电压，同相输入端接地，即输入 0mV 的交流电压。观察示波器中的输入、输出信号，并将同一时间的输入、输出信号的电压峰峰值记录在表 8-3 中。计算增益，并与理论计算值对比。

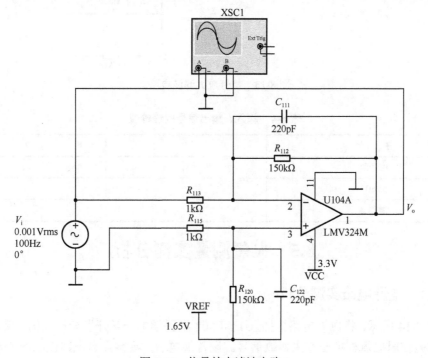

图 8-12　信号放大滤波电路 1

表 8-3 输入、输出信号的峰峰值

序 号	1	2
信号源	V_i	V_o
V/mV		
增益 A		

搭建如图 8-13 所示的信号放大滤波电路。反相输入端输入频率为 100Hz、有效值为 0.15V、偏置电压为 1.65V 的交流电压。观察示波器中的输入、输出信号,并将同一时间的输入、输出信号的电压峰峰值记录在表 8-4 中。计算增益,并与理论计算值对比。

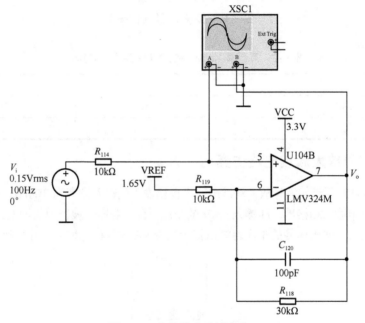

图 8-13 信号放大滤波电路 2

表 8-4 输入、输出信号的峰峰值

序 号	1	2
信号源	V_i	V_o
V/mV		
增益 A		

8.5 血氧测量实测分析

8.5.1 电源电路实测分析

如图 8-14 所示,将血氧电路板插入 LY-E501 型医学电子学开发套件插槽,接入血氧探头。本实验使用血氧模拟器产生血氧信号。设备供电后,观察血氧电路板上的 5V_LED 和 3V3_LED 是否正常点亮。

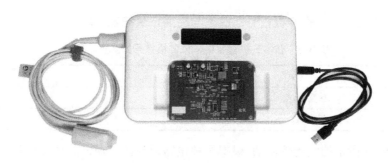

图 8-14 血氧实测连接图

用万用表测量各电压值是否正常,包括 7.5V、5V 和 3.3V。测量测试点 TP36_7V5、TP41_5V、TP40_3.3V、TP23_3V3SGM 和 TP24_3V3A,并将测得的电压值记录在表 8-5 中。

表 8-5 血氧电路板电源电压

序 号	1	2	3	4	5
测试点	TP36_7V5	TP41_5V	TP40_3.3V	TP23_3V3SGM	TP24_3V3A
V_o/V					

8.5.2 压控恒流源电路与血氧探头发光管驱动电路实测分析

在压控恒流源电路中,通过控制单片机 DAC 输出 DA1 的电压来控制晶体三极管 VT_{101} 的 C 极电流。由于检测原理与程序设计的关系,在每个测量周期内只需要分别点亮一次红灯和红外灯(即驱动一个大电流通过,且两盏灯需要通过的驱动电流不一样),所以 DA1 在一个测量周期内应该有两个峰。

DA1 在经过运放 A_{103} 及后续的滤波电路后,测量晶体三极管 VT_{101} 的 C 极得到信号,如图 8-15 所示。

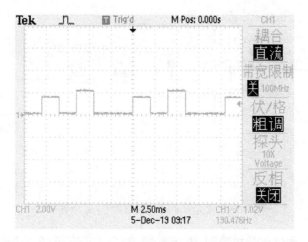

图 8-15 晶体三极管 C 极波形图

将晶体三极管 VT_{101} 的 C 极信号的脉宽与周期记录在表 8-6 中。

表 8-6　晶体三极管 VT_{101} 的 C 极信号的脉宽与周期

序　号	1
脉宽/ms	
周期/ms	

由如图 8-16 所示的发光管驱动-模拟开关电路原理图可知，晶体三极管 VT_{101} 的 C 极输出直接连接到模拟开关 U_{101} SGM3005 的 5 号引脚与 7 号引脚。通过查阅 SGM3005 的数据手册可知，当 4 号引脚为低电平时，3 号引脚与 5 号引脚连接；当 4 号引脚为高电平时，3 号引脚与 2 号引脚连接。同样的，当 8 号引脚为低电平时，9 号引脚与 7 号引脚连接；当 8 号引脚为高电平时，9 号引脚与 10 号引脚连接。

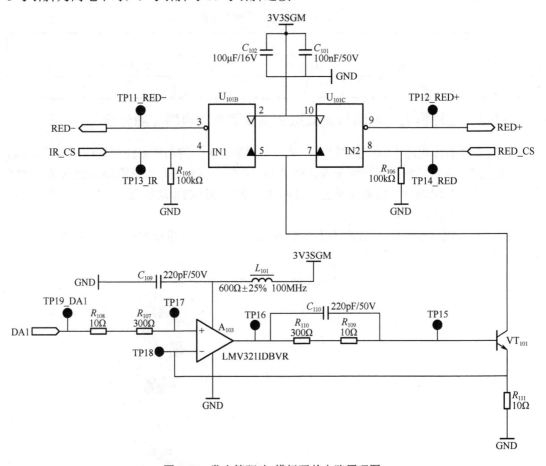

图 8-16　发光管驱动-模拟开关电路原理图

在实际情况中，通过单片机控制 IR_CS 和 RED_CS 交替产生高电平，使得 RED+ 和 RED- 交替接入 3V3SGM 从而产生高电平，进而达到控制血氧探头交替发出红光与红外光的目的。测量对应的测试点 TP14_RED 和 TP13_IR，得到如图 8-17 所示的波形图。

第 8 章 血氧饱和度测量电路设计实验

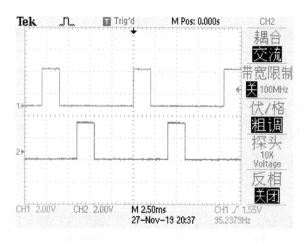

图 8-17 TP14_RED（上）和 TP13_IR（下）波形图

分别将 TP14_RED 和 TP13_IR 信号的脉宽与周期记录在表 8-7 中。

表 8-7 TP14_RED 和 TP13_IR 信号的脉宽与周期

序 号	1	2
测试点	TP14_RED	TP13_IR
脉宽/ms		
周期/ms		

测量对应的测试点 TP12_RED+和 TP11_RED-，得到如图 8-18 所示的 RED+和 RED-交替接入 3V3SGM 的波形图。从图中可以看出，当 RED+连接 3V3SGM 时，RED-连接晶体三极管 VT_{101} 的 C 极；当 RED-连接 3V3SGM 时，RED+连接晶体三极管 VT_{101} 的 C 极。

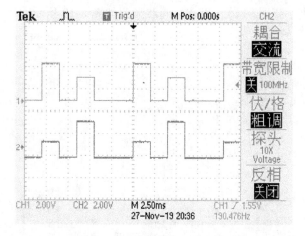

图 8-18 TP12_RED+（上）和 TP11_RED-（下）波形图

分别将 TP12_RED+和 TP11_RED-信号的脉宽与周期记录在表 8-8 中。

表 8-8 TP12_RED+和 TP11_RED-信号的脉宽与周期

序　号	1	2
测试点	TP12_RED+	TP11_RED-
脉宽/ms		
周期/ms		

由图 8-15、图 8-17 和图 8-18 可知，测量结果与图 8-16 的分析一致。

8.5.3 参考电压输出电路实测分析

参考电压过高会造成单片机信号识别不灵敏，过低则会使部分低于 0V 的搭载信号消失。用万用表测量测试点 TP26_VREF 和 TP28，将测得的电压值记录在表 8-9 中。

表 8-9 参考电压

序　号	1	2
测试点	TP26_VREF	TP28
V_o/V		

忽略电路损耗、误差等影响因素，理论上通过两个电阻 R_{121}、R_{124} 对 3V3A 分压后，得到测试点 TP28 的电压约为 1.65V，同时作为运放 A_{104C} 的同相输入端。由于 A_{104C} 为电压跟随器，输出电压与输入电压相同，因此测得的测试点 TP26_VREF 的电压理论上等于 TP28 的电压。

8.5.4 信号放大滤波电路实测分析

血氧探头没有夹手指时的 PD+和 PD-的波形图如图 8-19 所示。

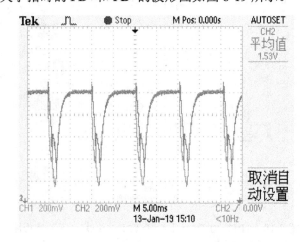

图 8-19 无手指情况下 PD+和 PD-波形图

由血氧探头的检测原理可知，PD+和 PD-是探头光敏传感器两端的电压值。图 8-19 所示平均电压为 1.53V，这是由于在运放 A_{104A} 前加入了参考电压 VREF（1.65V）。由图 8-19

可见,在没有夹手指时,PD+和PD-电压的差别明显,约为 200~300mV。

如图 8-20 所示,当夹入手指后,PD+和 PD-之间的电压差迅速减小。需要采集的信号就在这微小的差距之间。

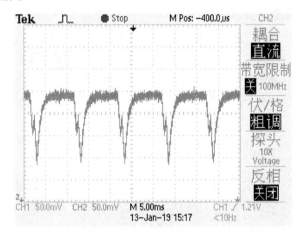

图 8-20 夹手指情况下 PD+和 PD-波形图

在信号放大滤波电路设计中已经提到,运放 A_{104A} 的输出端 TP5 与输入端的关系如下:

$$U_{TP5} = U_{VREF} - 150(U_{PD+} - U_{PD-}) \tag{8-21}$$

在测试点 TP5 处已经将系统输入信号 PD+和 PD-取差值并放大 150 倍,然后通过参考电压 VREF 搭载该信号。TP5 实测信号如图 8-21 所示。

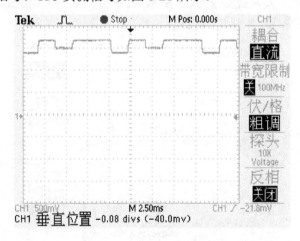

图 8-21 测试点 TP5 波形图

由图 8-21 可知,经过 150 倍的放大,信号已经达到 0.1V 的级别(实际信号约为 0.3~0.5V)。但信号还不够稳定和明显,需要进一步放大。

在进一步放大信号前,有一个由单片机信号 CAP 控制的参考电压 VREF,是否将参考电压 VREF 输入到电路中取决于单片机的程序控制。实际应用中,为了消除环境光的干扰,应在检测到信号即红灯或红外灯打开时,将 CAP 设置为高电平,关闭 MOS 晶体管,VREF 不添加到 U_{TP5} 中,此时 U_{TP5} 只有红灯或红外灯的信号;相反,当红灯与红外灯都关闭时,将 CAP 设置为低电平，打开 MOS 晶体管，将 VREF 添加到 U_{TP5} 中，作为环境光补偿，使搭载没有红光与红外光信号的一级放大电路输出保持一定的电压。

此部分电路的实测波形如图 8-22 所示，CAP 在有信号检测时设置为高电平，其余时间设置为低电平，符合电路要求。

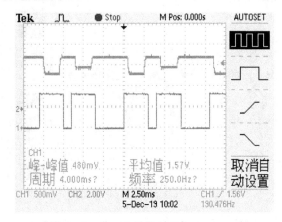

图 8-22　TP7（上）和 TP6_CAP（下）波形图

运放 A_{104B} 的放大关系为

$$U_{TP9} = U_{VREF} - 600(U_{PD+} - U_{PD-}) \qquad (8\text{-}22)$$

对比公式（8-21），二级放大电路在一级电路的基础上，将信号放大 4 倍且不改变参考电压（VREF）的倍数。实测图如图 8-23 所示，TP9 为 TP7 的 4 倍放大信号，信号放大 4 倍且参考电压未发生变化，电路运作正常。

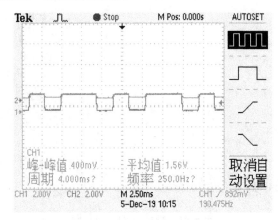

图 8-23　TP7 和 TP9 波形图

8.6　LY-E501 医学信号采集软件（血氧模块）

LY-E501 医学信号采集软件（血氧模块）用于采集血氧信号，并将血氧波形显示在软件界面对应的区域。

首先，把血氧模块板安装在系统设备上，将血氧导联线接入医学电子学设备的 SPO2

接口处,将血氧探头接到模拟器,此处模拟器以选择血氧饱和度 98%、脉率 60BPM 为例,然后打开医学电子学设备电源开关,并将蓝牙主机插入计算机的 USB 接口,使蓝牙主机与从机成功配对连接。

然后,打开串口,软件会自动跳转到血氧模块,如图 8-24 所示。

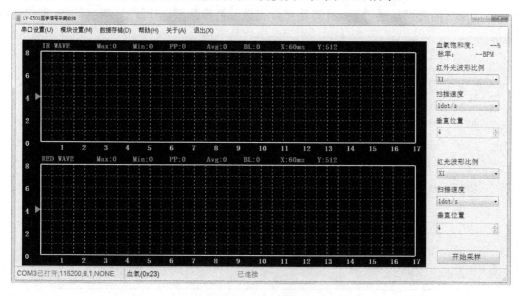

图 8-24　血氧模块界面

打开串口后,如果软件没有自动跳转到血氧模块,则需手动选择模块。单击菜单栏中的"模块设置(M)"标签页,然后选择"血氧(0x23)"选项。

单击"开始采样"按钮,分别调节红外光和红光波形比例、扫描速度和垂直位置,在波形显示窗口中显示医学电子学设备采集到的红外光和红光波形,如图 8-25 所示。

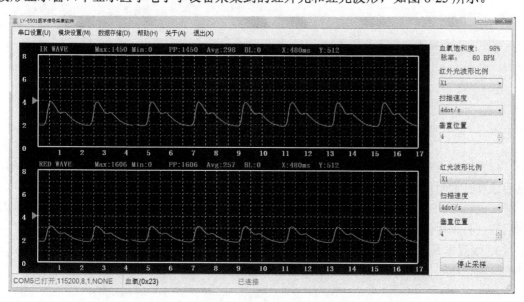

图 8-25　血氧信号开始采样

数据存储：当需要存储血氧数据时，选择数据存储路径并勾选"保存数据"，然后单击"确定"按钮；接着再开始采样，从机发送到软件中的血氧数据会自动保存到用户选择的存储路径；在获取所需的数据量后，单击"停止采样"按钮。每次保存的数据会存放在一个 Excel 表格中。用红外光数据绘制的折线图如图 8-26 所示，用红光数据绘制的折线图如图 8-27 所示。用户可以通过 Excel 表格对数据进行初步分析，计算脉率和脉搏血氧信号特征值 R。

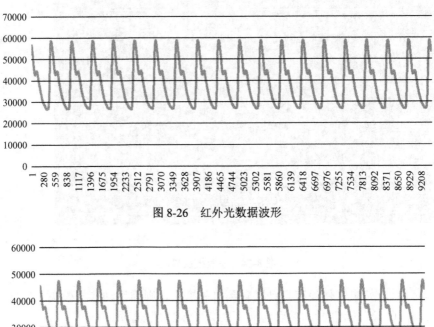

图 8-26　红外光数据波形

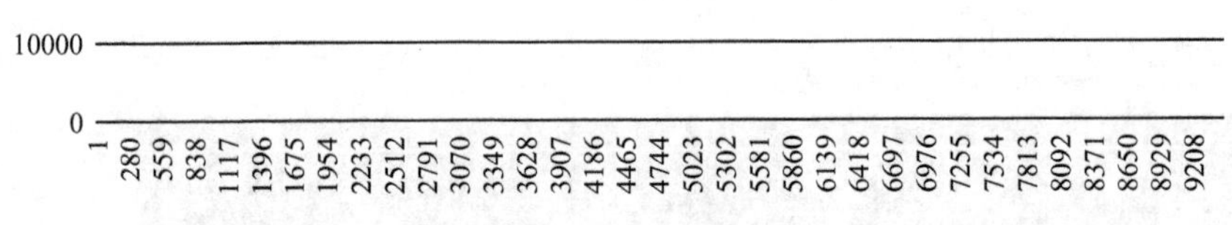

图 8-27　红光数据波形

本 章 任 务

1. 通过示波器检测测试点 TP10 上的血氧波形，计算脉率和脉搏血氧信号特征值 R，然后通过查询附录 A 的 R 值表得到血氧饱和度。

2. 通过 LY-E501 医学信号采集软件检测血氧波形，计算脉率和脉搏血氧信号特征值 R，然后通过查询附录 A 的 R 值表得到血氧饱和度。

3. 参照本章血氧测量电路，自行设计一款基于微控制器的血氧饱和度测量系统，设计并测试验证电路板。

本 章 习 题

1. 简述指套式光电传感器测量血氧饱和度的原理。
2. 自行设计一种压控恒流源电路，并通过仿真进行验证。
3. 简述指套式光电传感器测量血氧饱和度和传统采血法测量血氧饱和度的优缺点。
4. 简述图 8-9 中基准电压 VREF 的作用。
5. 简述基于单片机的脉搏血氧饱和度测量系统设计思路。

第9章 血压测量电路设计实验

9.1 实验内容

本章将学习血压各项参数的医学临床意义，了解各种血压测量方法，并对比这些方法的差异和优缺点，理解血压测量原理和电路设计原理，掌握血压测量电路理论推导、仿真和实测。通过学习要掌握以下几点：①示波法测量血压的原理；②血压测量电路设计；③血压信号处理；④自行设计出各项参数可控的简易血压测量电路。

9.2 血压测量原理

血压是指血液在血管内流动时作用于血管壁单位面积的侧压力，它是推动血液在血管内流动的动力，通常所说的血压是指体循环的动脉血压。心脏泵出血液时形成的血压为收缩压，也称为高压；血液在流回心脏的过程中产生的血压为舒张压，也称为低压。收缩压与舒张压是判断人体血压正常与否的两个重要生理参数。

血压的高低不仅与心脏功能、血管阻力和血容量密切相关，而且还受年龄、季节、气候等多种因素影响。不同年龄段的血压正常范围有所不同，如正常成人安静状态下的血压范围为收缩压 90～139mmHg，舒张压 60～89mmHg；而新生儿为收缩压 70～100mmHg，舒张压 34～45mmHg。在一天中的不同时间段人体血压也会有波动，一般正常人每日血压波动在 20～30mmHg 范围内，血压最高点一般在上午9～10时及下午4～8时，血压最低点在午夜1～3时。

临床上采用的血压测量方法有两类，即直接测量法和间接测量法。直接测量法采用插管技术，通过外科手术把带压力传感器的探头插入动脉血管或静脉血管。这种方法会给病人带来痛苦，一般只用于重危病人。间接测量法又称为无创测量法，它从体外间接测量动脉血管中的压力，更多地用于临床。目前常见的无创自动血压测量方法有多种，如柯氏音法、示波法和光电法等。与其他方法相比，示波法有较强的抗干扰能力，能比较可靠地测定血压。

本实验通过袖带对人体的肱动脉加压减压，再通过压力传感器，得到袖带压力和脉搏波幅度信息，将对压力的测量转化为对电学量的测量，然后在上位机对测量的电学量进行计算，以获得最终的血压值。下面依次介绍压力传感器、示波法测量血压原理和柯氏音法测量血压原理。

9.2.1 压力传感器 MPX2053

在血压模拟电路中，选用了 MPX2053 作为压力传感器。MPX2053 可提供高精度及高线性度的电压输出，电压输出与被测压力成正比。该传感器在单片式硅膜片上集成了应变片和薄膜电阻网络。通过激光修调实现精确的量程和偏移量校准以及温度补偿。

MPX2053 具有以下特性：
➢ 温度补偿在 0～85℃；
➢ 易于使用芯片载体封装选项；
➢ 对供电电压比率输出；

➢ 可选表压型带端口和无端口封装；
➢ 提供编带式或卷轴式出货封装选项；
➢ 提供差压和表压结构。

图9-1显示了该传感器在25℃下，其最小、最大、典型电压输出特性。电压输出是与压力成比例的，而且接近线性。

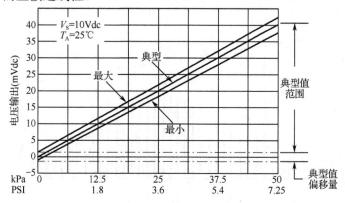

图 9-1 压力传感器 MPX2053 电压输出特性

9.2.2 示波法

示波法又称为测振法，利用充气袖带阻断动脉血流，在放气过程中，袖带内气压跟随动脉内压力波动而出现脉搏波，这种脉搏波随袖带气压的减小而呈现由弱变强后再逐渐减弱的趋势，如图9-2所示。具体表现：①当袖带压大于收缩压时，动脉被关闭，此时因近端脉搏的冲击，振荡波较小；②当袖带压小于收缩压时，波幅增大；③当袖带压等于平均压时，动脉壁处于去负荷状态，波幅达到最大值；④当袖带压小于平均动脉压时，波幅逐渐减小；⑤袖带压小于舒张压以后，动脉管腔在舒张期已充分扩张，管壁刚性增加，因而波幅维持较小的水平。

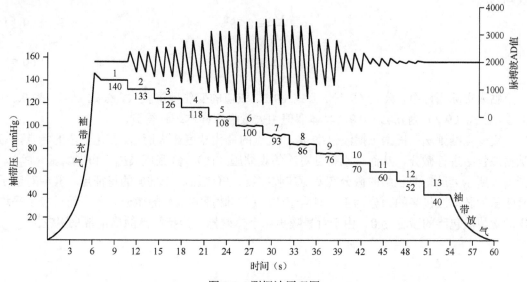

图 9-2 测振法原理图

示波法通过同时记录压力脉搏波与压力来测量血压。示波法的关键在于，找到放气过程中连续记录的脉动的包络及其与动脉血压之间的关系。

基于放气过程的血压测量原理图如图 9-3 所示。在图 9-3 中，一开始气泵快速对袖带充气，一般充气压（P_b）高于收缩压（P_s）30mmHg 后开始缓慢放气，脉搏波从无到有，其包络呈钟形变化，当检测不到脉搏波时袖带快速放气。

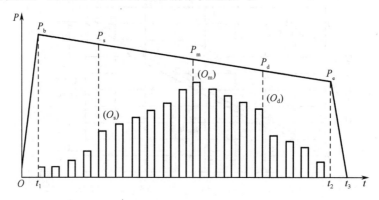

图 9-3 基于放气过程的血压测量原理图

在系统设计中针对不同的个体，关键是有效地控制[t_1, t_2]段袖带的放气或充气速度。

示波法血压判定方法：在示波法血压测量中，主要从脉搏波构成的钟形包络中识别特征点从而获取血压值。目前主要采用以下两种方法。

固定比率计算法：示波法在放气过程中连续记录的脉动包络的最大幅度与动脉平均压有相对应的关系，即袖带内振动信号幅度达到最大值时对应的袖带内压力为平均压，该准则目前已基本得到公认。固定比率计算法步骤（见图 9-3）是：首先寻找脉搏波钟形包络的顶点 O_m，其对应的袖带压力即为平均压；另外，在包络线上升沿存在一点 O_s、下降沿存在一点 O_d，分别对应收缩压 P_s 和舒张压 P_d。O_s 和 O_d 的大小关系可根据如下经验公式列出：

$$\frac{O_s}{O_m} = 0.75 \qquad (9-1)$$

$$\frac{O_d}{O_m} = 0.80 \qquad (9-2)$$

临床实际测量中，公式（9-1）、公式（9-2）取值的变化范围较大，公式（9-1）为 0.3～0.75，公式（9-2）为 0.45～0.9，具体取值由大量临床样本统计得到。

突变点准则法：根据脉搏波包络 O_s、O_d 点的变化陡度最大而 O_m 变化最小的特点，对脉搏波包络进行微分，从而分别得到对应的收缩压（P_s）、舒张压（P_d）和平均压（P_m）。图 9-4 所示为脉搏波包络的微分图及对应收缩压、舒张压、平均压的特征点。其中对应于舒张压的脉搏波包络的微分为正，对应于收缩压的脉搏波包络的微分为负，而对应于平均压的脉搏波包络的微分为 0。由于背景噪声和个体差异，给特征点的确定带来困难。

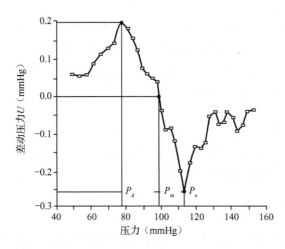

图 9-4 脉搏波包络的微分图及对应收缩压、舒张压、平均压的特征点

目前设计中大多采用方法一，即由平均压通过经验公式 [即公式（9-1）、公式（9-2）] 获取收缩压和舒张压的方法。但由于公式中的固定比率是统计量，个体差异造成的误差是显著的。

9.3 血压测量电路设计

9.3.1 血压测量电路设计思路

血压测量电路按照功能可以分为仪器仪表放大电路、有源低通滤波电路、反相比例运算电路、分压电路和无源低通滤波电路。血压测量的电路结构图如图9-5所示。

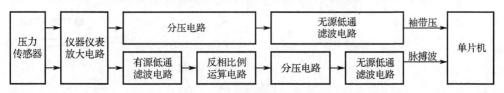

图 9-5 血压测量电路结构图

仪器仪表放大电路：当压力传感器检测到一定的压力值时，输出一对差分信号，由于生理信号具有幅度小、频率低、内阻高等特点，且存在较强的背景噪声和干扰，针对此类生物信号的特殊性，放大电路应具有很高的共模抑制比，以及高增益、低噪声和高输入阻抗，并有合适的通频带宽和动态范围，因此利用仪器仪表放大电路进行信号放大处理。

提取袖带压信号：从压力传感器出来的血压信号包含袖带压信号和脉搏波信号，其中袖带压信号比脉搏波信号的幅值大很多，经过仪器仪表放大电路后，此时的信号可被提取作为袖带压信号，虽然其中夹杂着脉搏波信号，但是其值很小，不会影响袖带压信号。

分压电路：输出信号的电压值可能会高于单片机的耐压值，所以输入到单片机之前要先进行分压处理。

无源低通滤波电路和有源低通滤波电路：有效信号经过放大后，其中的干扰信号也会被放大，所以要通过低通滤波电路滤除干扰信号。

反相比例运算电路：用于放大脉搏波信号。在血压测量原理图（见插页）中可以看到有源低通滤波电路和反相比例运算电路之间有一个电容，袖带压信号虽然为交流信号，但是相比于脉搏波信号，其频率更低，所以血压信号中的袖带压信号会被滤掉，脉搏波信号则经后续反相比例运算电路进一步放大。

9.3.2 电源电路

血压测量电路的电源转换电路有 VIN 转 7.5V 电路、7.5V 转 5V 电路和 5V 转 2.5V 电路。电源转换电路具体分析可参考 2.1 节。

9.3.3 基准电压电路

基准电压电路如图 9-6 所示，它为信号测量电路和过压保护电路提供各个基准电压值。由于 VREF1 和 VREF2 后面连接的是运放的输入端，阻抗非常大，可看成断开。而 VREF3 所接部分会对基准电压值产生影响，因此利用电压跟随器减小后级负载对基准电压的影响。

VREF3 的电压为

$$U_{\text{VREF3}} = \frac{R_{115}}{R_{114} + R_{115}} \times 2.5\text{V} = \frac{20\text{k}\Omega}{20\text{k}\Omega + 30\text{k}\Omega} \times 2.5\text{V} = 1\text{V}$$

VREF1 的电压为

$$U_{\text{VREF1}} = \frac{R_{113}}{R_{112} + R_{113}} \times 2.5\text{V} = \frac{40.2\text{k}\Omega}{10\text{k}\Omega + 40.2\text{k}\Omega} \times 2.5\text{V} \approx 2\text{V}$$

则 VREF2 的电压为

$$U_{\text{VREF2}} = U_{\text{VREF1}} = 2\text{V}$$

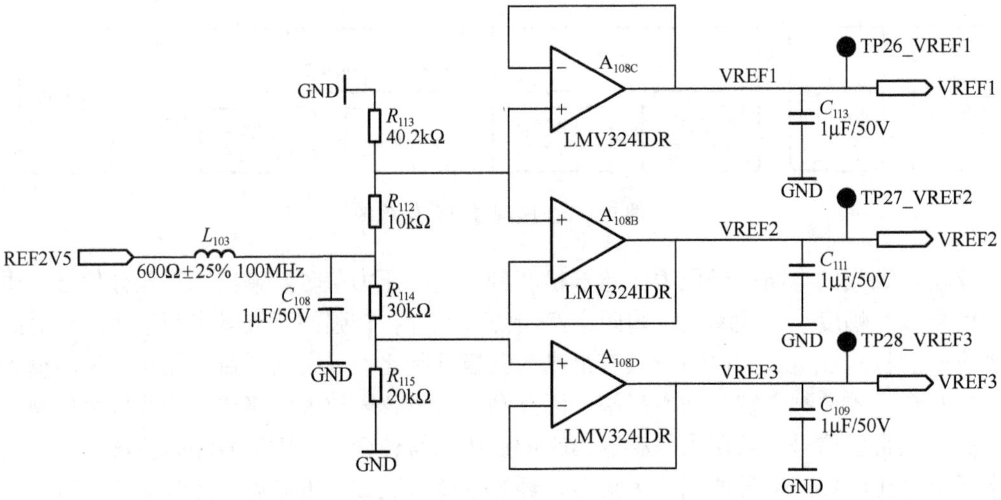

图 9-6 基准电压电路

9.3.4 仪器仪表放大电路

仪器仪表放大电路如图 9-7 所示，A_{102C} 同相输入端电压值即为 TP1_MPX-的电压值

U_{TP1},A_{102D} 同相输入端电压值即为 TP2_MPX+的电压值 U_{TP2}。

根据运放负反馈的特点有

$$\frac{U_{TP3}-U_{TP1}}{R_{127}}=\frac{U_{TP1}-U_{TP2}}{R_{130}}=\frac{U_{TP2}-U_{TP4}}{R_{133}} \tag{9-3}$$

化简上式可求得

$$U_{TP3}=\frac{R_{127}}{R_{130}}(U_{TP2}-U_{TP4})+U_{TP1} \tag{9-4}$$

$$U_{TP4}=U_{TP2}-\frac{R_{133}}{R_{130}}(U_{TP1}-U_{TP2}) \tag{9-5}$$

若 A_{102B} 同相输入端、反相输入端的电压分别为 u_+、u_-,根据"虚短"有

$$u_+ = u_- \tag{9-6}$$

同样,根据运放负反馈的特点有

$$\frac{U_{TP3}-u_-}{R_{128}}=\frac{u_- - U_{TP5}}{R_{124}} \tag{9-7}$$

由叠加定理可得

$$u_+ = \frac{R_{120}}{R_{120}+R_{134}}U_{TP4}+\frac{R_{134}}{R_{120}+R_{134}}U_{VREF3} \tag{9-8}$$

整理公式(9-3)~公式(9-8),可以得出

$$U_{TP5}=U_{TP4}-U_{TP3}+U_{VREF3}=201(U_{TP2}-U_{TP1})+U_{VREF3} \tag{9-9}$$

参照图 9-6,参考电压 VREF3 由 R_{114} 和 R_{115} 对 2.5V 分压得到

$$U_{VREF3}=2.5V\times\frac{R_{115}}{R_{114}+R_{115}}=1V$$

结合公式(9-8)和公式(9-9)可得

$$U_{TP5}=201(U_{TP2}-U_{TP1})+1V$$

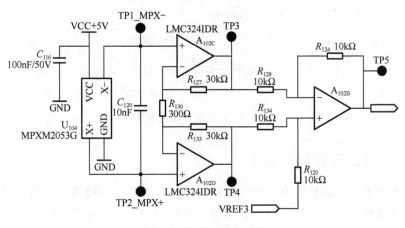

图 9-7 仪器仪表放大电路

9.3.5 无源低通滤波电路

由 R_{117} 和 C_{114} 组成无源低通滤波电路,如图 9-8 所示。

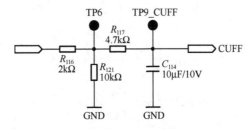

图 9-8 无源低通滤波电路

该滤波器上限截止频率为

$$f_\text{H} = \frac{1}{2\pi RC} = \frac{1}{2\pi \times R_{117} \times C_{114}} = 3.39\text{Hz}$$

9.3.6 有源低通滤波电路

有源低通滤波电路如图 9-9 所示,该滤波器上限截止频率为

$$f_\text{H} = \frac{1}{2\pi RC} = \frac{1}{2\pi \times R_{125} \times C_{115}} = 8.75\text{Hz}$$

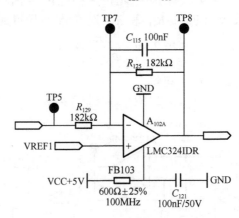

图 9-9 有源低通滤波电路

9.3.7 晶体三极管开关电路

晶体三极管开关电路如图 9-10 所示。PULSE_EN 为控制脉搏波测量的信号,因为它与 3V3 分别被放置在一个 2P 排针两端,只需套上跳线帽,即可将其置高电平,反之置低电平。当 PULSE_EN 为低电平时,开关晶体三极管 VT_{101} 导通;当 PULSE_EN 为高电平时,开关晶体三极管 VT_{101} 截止。

第 9 章 血压测量电路设计实验

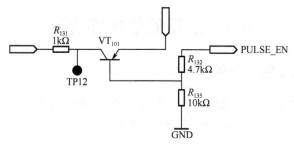

图 9-10 晶体三极管开关电路

9.3.8 反相比例运算电路

反相比例运算电路如图 9-11 所示。A_{103C} 和 A_{103D} 同相输入端所接的 VREF2 为参考电压，在实际的电路中主要起抬高基线的作用。当 PULSE_EN 为高电平时，开关晶体三极管 VT_{101} 截止，信号会经过 A_{103C} 和 A_{103D} 两级放大器，信号被放大两次；当 PULSE_EN 为低电平时，开关晶体三极管 VT_{101} 导通，信号会跳过 A_{103C} 放大器，只经过 A_{103D} 放大器，信号只被放大一次。在实验过程中，通常将 PULSE_EN 置为高电平。

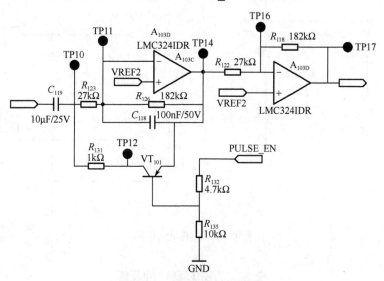

图 9-11 反相比例运算电路

下面以 A_{103D} 放大器为例，介绍信号放大的计算过程。设参考电压为 U_{VREF2}，因为"虚短"，则测试点 TP16 的电压与 VREF2 的电压相等，即 $U_{TP16} = U_{VREF2}$，则有

$$\frac{U_{TP17} - U_{TP16}}{R_{118}} = \frac{U_{TP16} - U_{TP14}}{R_{122}}$$

化简上式可得输出电压为

$$U_{TP17} = \left(1 + \frac{R_{118}}{R_{122}}\right)U_{TP16} - \frac{R_{118}}{R_{122}}U_{TP14}$$

即

$$U_{TP17} = 7.74 U_{VREF2} - 6.74 U_{TP14}$$

9.4 血压测量电路仿真

9.4.1 基准电压电路仿真

搭建如图 9-12 所示的基准电压电路。将万用表 XMM1、XMM2、XMM3 和 XMM4 测得的电压值记录在表 9-1 中,与理论计算对比并分析。

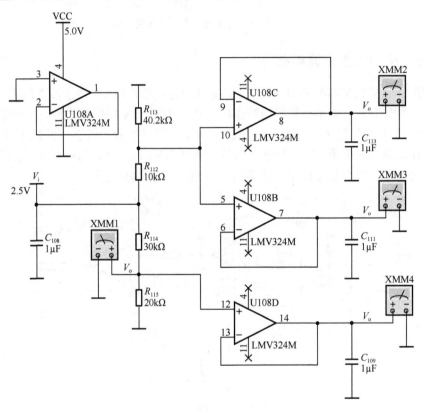

图 9-12 基准电压电路

表 9-1 万用表测得的电压值

序 号	1	2	3	4
万用表	XMM1	XMM2	XMM3	XMM4
V_o/V				

9.4.2 仪器仪表放大电路仿真

搭建如图 9-13 所示的仪器仪表放大电路。由于传感器检测到一定压力值时,TP1_MPX- 和 TP2_MPX+ 的电压会相应发生变化并产生一个压差,因此可利用可变电阻 R_3 和电阻 R_1、电阻 R_2 进行模拟。将万用表 XMM1、XMM2、XMM3 和 XMM4 测得的电压值记录在表 9-2 中,然后计算它们之间的关系,与理论计算对比并分析。

第 9 章 血压测量电路设计实验

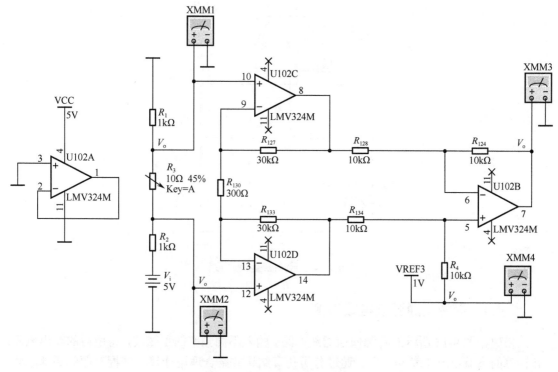

图 9-13 仪器仪表放大电路

表 9-2 万用表测得的电压值

序 号	1	2	3	4
万用表	XMM1	XMM2	XMM3	XMM4
V_o/V				

9.4.3 无源低通滤波电路仿真

搭建如图 9-14 所示的无源低通滤波电路。通过输入不同频率的正弦波,观察和对比输入输出波形,并将输出电压和计算的增益记录在表 9-3 中。分析仿真结果并结合截止频率的理论计算,掌握无源低通滤波电路的基本结构和工作原理。

表 9-3 输入不同频率正弦波时的输出电压和增益

序 号	1	2	3	4	5	6	7
f/Hz	1	1.5	2	2.5	3	3.5	4
V_o/mV							
$20\lg|V_o/V_i|$/dB							

在图 9-14 所示的仿真电路基础上,连接波特图仪(Bode Plotter),分析波特图。当放大电路的增益下降 3dB 时,信号的频率是多少?并与理论计算对比。

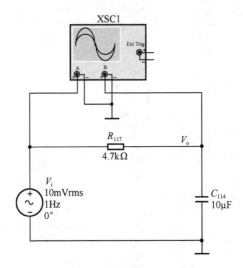

图 9-14 无源低通滤波电路

9.4.4 有源低通滤波电路仿真

搭建如图 9-15 所示的有源低通滤波电路。输入不同频率的正弦波，将所得的输出电压和计算的增益记录在表 9-4 中。通过分析仿真结果并结合理论计算，掌握有源低通滤波器的基本结构和工作原理。

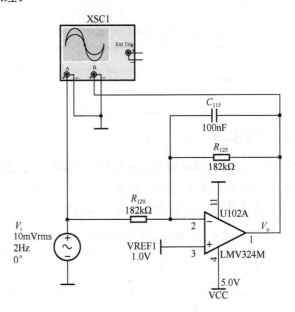

图 9-15 有源低通滤波电路

表 9-4 输入不同频率正弦波时的输出电压和增益

序 号	1	2	3	4	5	6	7
f/Hz	2	4	6	8	10	12	14
V_o/mV							
$20\lg|V_o/V_i|$/dB							

在图 9-15 所示的仿真电路基础上,连接波特图仪(Bode Plotter),分析波特图。当放大电路的增益下降 3dB 时,信号的频率是多少?并与理论计算对比。

9.4.5 晶体三极管开关电路仿真

搭建如图 9-16 所示的晶体三极管开关电路。在开关 S1 断开与闭合两种情况下,将万用表 XMM1 和 XMM3 测量的电压值记录在表 9-5 中。分析仿真结果,掌握晶体三极管开关电路的基本结构和工作原理。注意:三极管导通时会产生 0.7V 的压降。

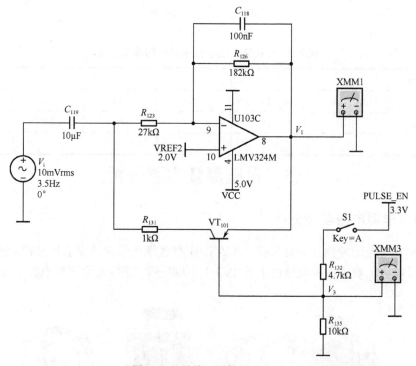

图 9-16 晶体三极管开关电路

表 9-5 开关 S1 闭合与断开时 XMM1 电压测量值 V_1 和 XMM3 电压测量值 V_3

序 号	1	2
开关 S1	断开	闭合
V_1/V		
V_3/V		
晶体三极管是否导通		

9.4.6 反相比例运算电路仿真

搭建如图 9-17 所示的反相比例运算电路。通过改变 R_{122} 或者 R_{118} 的阻值，将万用表 XMM2 测量的输出电压值 V_o 记录在表 9-6 中。分析仿真数据并结合理论计算，对比仿真值和理论值，掌握反相比例运算电路的基本原理及计算方法。

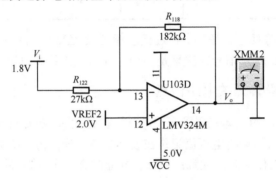

图 9-17 反相比例运算电路

表 9-6 R_{118} 与 R_{122} 不同阻值时的输出电压

序 号	1	2	3	4	5	6
$R_{118}/\text{k}\Omega$	182	182	182	216	250	500
$R_{122}/\text{k}\Omega$	27	54	91	27	27	27
V_o/V						

9.5 血压测量实测分析

9.5.1 电源电路实测分析

如图 9-18 所示，将血压电路板插入 LY-E501 型医学电子学开发套件插槽，接入血压套件。设备供电后，观察血压电路板上的 3V3_LED 和 5V_LED 是否正常点亮。

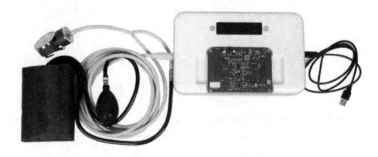

图 9-18 血压实测连接图

用万用表测量各电压值是否正常,包括 7.5V、3.3V 和 5V。测量测试点 TP21_3V3、TP23_5V 和 TP25_7V5,并将测得的电压值记录在表 9-7 中。

表 9-7 血压电路板电源电压

序 号	1	2	3
测试点	TP21_3V3	TP23_5V	TP25_7V5
V_o/V			

9.5.2 基准电压电路实测分析

通过示波器的直流挡测量测试点 TP24_2V5、TP26_VREF1、TP27_VREF2 和 TP28_VREF3,并将测得的电压值记录在表 9-8 中。测量完成后,将测量值与计算的理论值对比,观察两者是否相符。

表 9-8 基准电压

序 号	1	2	3	4
测试点	TP24_2V5	TP26_VREF1	TP27_VREF2	TP28_VREF3
电压值/V				

9.5.3 仪器仪表放大电路实测分析

当未向传感器 MPX2355 施加压力时,通过示波器的直流挡测量测试点 TP1_MPX- 和 TP2_MPX+,TP1_MPX- 和 TP2_MPX+ 有一个静态基准电压,理论上相等,约为 2.55V,如图 9-19 所示;测量测试点 TP5,此时电压为 0.6V,如图 9-20 所示。测量值与计算值相符。

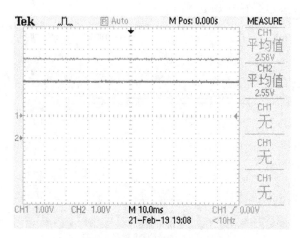

图 9-19 TP1_MPX- 和 TP2_MPX+ 电压测量 1

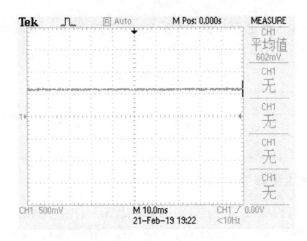

图 9-20 仪器仪表放大电路输出电压测量 1

测量测试点 TP1_MPX-和 TP2_MPX+的静态基准电压，同时测量测试点 TP5 的电压，将数据记录在表 9-9 中，分析数据与计算值是否相符。

表 9-9 TP1_MPX-和 TP2_MPX+的静态基准电压及 TP5 的电压

序 号	1	2	3
测试点	TP2_MPX+	TP1_MPX-	TP5
电压值/V			

向传感器 MPX2355 施加压力，压力为 80mmHg 时，测量测试点 TP1_MPX-和 TP2_MPX+，TP2_MPX+会增加一个传感器产生的微小正电压，TP1_MPX-会增加一个传感器产生的微小负电压，如图 9-21 所示；测量测试点 TP5，此时电压会上升，为 1.83V，如图 9-22 所示。测量值与计算值相符。

图 9-21 TP1_MPX-和 TP2_MPX+电压测量 2

图 9-22 仪器仪表放大电路输出电压测量 2

改变压力,通过示波器再次测量测试点 TP1_MPX-和 TP2_MPX+及 TP5 的电压,然后记录在表 9-10 中。将实测数据与理论计算值对比,观察两者是否相符。

表 9-10 不同压力下 TP1_MPX-和 TP2_MPX+及 TP5 的电压

序 号	1	2	3	4
压力/mmHg	70	90	100	120
TP2_MPX+/V				
TP1_MPX-/V				
TP5/V				

9.5.4 袖带压实测分析

压力为 80mmHg 时,用示波器直流挡测量测试点 TP6 和 TP9_CUFF,TP6 由 TP5 分压所得,理论上 TP9_CUFF 的值与 TP6 的值相等。将测量到的两点电压值记录在表 9-11 中,观察测量值与理论值是否相符。

表 9-11 TP6 和 TP9_CUFF 的电压

序 号	1	2
测试点	TP6	TP9_CUFF
电压值/V		

压力为 80mmHg 时,用示波器交流挡测量测试点 TP6 和 TP9_CUFF 的信号波形,如图 9-23 所示。

之后改变压力值,观察袖带压信号波形的变化。

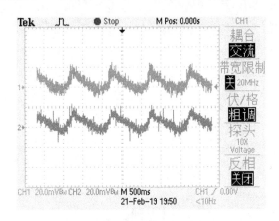

图 9-23　袖带压信号测量

9.5.5　反相比例运算电路实测分析

当压力为 80mmHg 时，交流电压经过 C_{119} 后，其后产生的变化受 PULSE_EN 影响。

当 PULSE_EN 为低电平时，开关晶体三极管 Q_{101} 导通，交流电压信号会选择压降相对较小的晶体三极管通路经过，不会经过上方的放大电路。

当 PULSE_EN 为高电平时，开关晶体三极管 Q_{101} 截止，交流电压信号只能通过上方的运放电路。测量测试点 TP10 和 TP14，如图 9-24 所示。交流信号被放大-6.74 倍，相位反相，而且滤除了一些干扰信号。

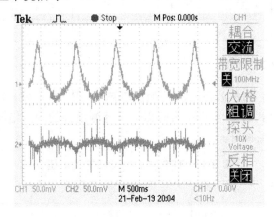

图 9-24　反相比例运算电路测量 1

改变压力，再次测量测试点 TP10 和 TP14，通过示波器的光标测量出这两点的峰峰值，然后记录在表 9-12 中，并计算放大倍数。

表 9-12　不同压力下 TP10 和 TP14 的峰峰值及放大倍数

压力/mmHg	70	90	100	120
TP10/V_{PP}				
TP14/V_{PP}				
A_u				

测量测试点 TP14 和 TP17，如图 9-25 所示。交流信号被放大-6.74 倍，相位反相，而且干扰信号也被滤除。

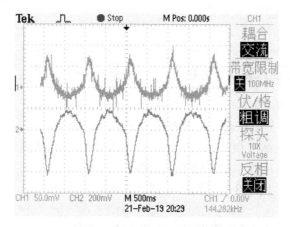

图 9-25　反相比例运算电路测量 2

改变压力，再次测量测试点 TP14 和 TP17，通过示波器的光标测量出这两点的峰峰值，然后记录在表 9-13 中，并计算放大倍数。

表 9-13　不同压力下 TP14 和 TP17 的峰峰值及放大倍数

压力/mmHg	70	90	100	120
TP14/V_{PP}				
TP17/V_{PP}				
A_u				

测量测试点 TP17 和 TP13_PULSE，如图 9-26 所示，脉搏波信号经过 TP17 分压得到。

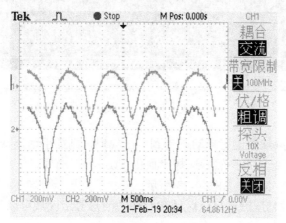

图 9-26　脉搏波信号测量

改变压力，通过示波器的光标测量测试点 TP17 和 TP13_PULSE 的峰峰值，然后记录在表 9-14 中。结合理论计算，对比 TP13_PULSE 经过 TP17 分压的测量值与理论计算值是否相符。

表 9-14 不同压力下 TP13_PULSE 和 TP17 的峰峰值

压力/mmHg	70	90	100	120
TP17/V_{PP}				
TP13_PULSE/V_{PP}				

9.6 LY-E501 医学信号采集软件（血压模块）

LY-E501 医学信号采集软件（血压模块）用于采集袖带压信号和脉搏波信号，并将袖带压波形和脉搏波波形显示在软件界面对应的区域。

首先，把血压模块板安装在系统设备上，将血压软管接入医学电子学设备的 NIBP 接口处，然后接到人体或模拟器，此处以接模拟器 120/80mm 汞柱为例，然后打开医学电子学设备电源开关，并将蓝牙主机插入到计算机的 USB 接口，使蓝牙主机与从机成功配对连接。

然后，打开串口，软件会自动跳转到血压模块，如图 9-27 所示。

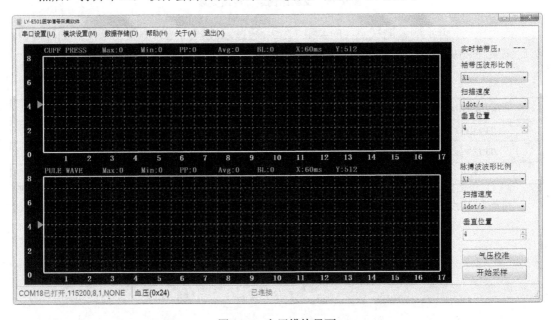

图 9-27 血压模块界面

打开串口后，如果软件没有自动跳转到血压模块，则需手动选择模块。单击菜单栏中的"模块设置（M）"标签页，然后选择"血压（0x24）"选项。

单击"开始采样"按钮，如图 9-28 所示。

开始采样后，在袖带压波形显示区域和脉搏波波形显示区域可以看到两个波形的基线，如图 9-29 所示。

然后手动捏充气球进行打气，分别调节袖带压与脉搏波的波形比例和扫描速度，袖带压波形和脉搏波波形如图 9-30 所示。同时，在界面的右上角可以看到实时袖带压值。

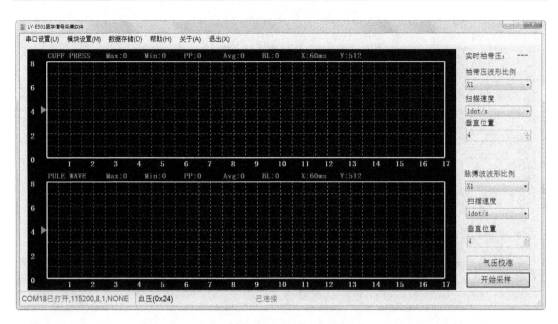

图 9-28 血压信号开始采样

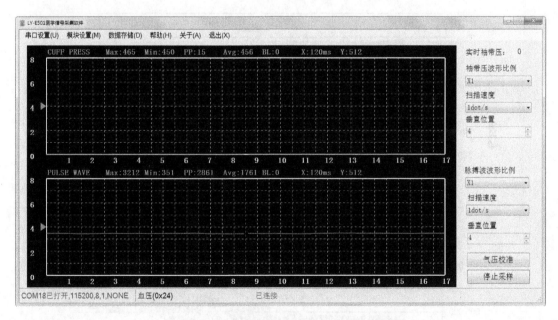

图 9-29 袖带压波形基线和脉搏波波形基线

数据存储：当需要存储袖带压和脉搏波数据时，选择数据存储路径并勾选"保存数据"，然后单击"确定"按钮；接着再开始采样，从机发送到软件中的袖带压和脉搏波数据会自动保存到用户选择的存储路径；在获取所需的数据量后，单击"停止采样"按钮。每次保存的数据会存放在一个 Excel 表格中。用袖带压数据绘制的折线图如图 9-31 所示，用脉搏波数据绘制的折线图如图 9-32 所示。用户可以通过 Excel 表格对数据进行初步分析，比如计算袖带压和脉搏波。

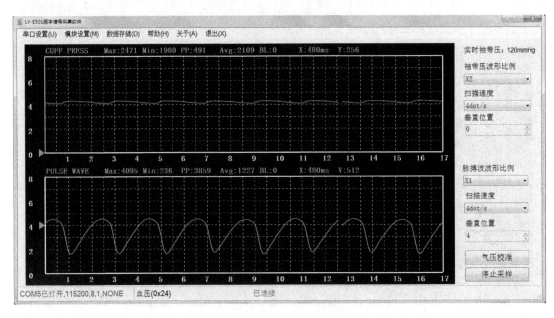

图 9-30　袖带压波形和脉搏波波形

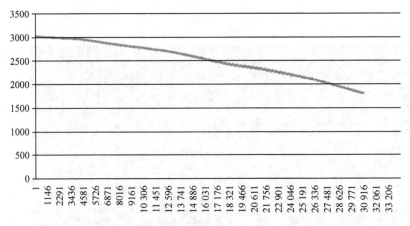

图 9-31　袖带压数据波形

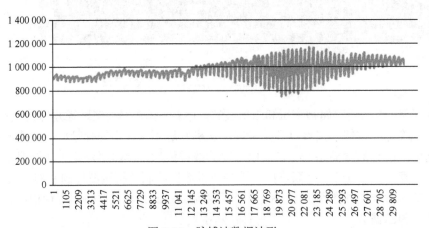

图 9-32　脉搏波数据波形

本 章 任 务

1．根据示波法原理，通过 LY-E501 医学信号采集软件检测袖带压和脉搏波波形，得出测量血压的充气、慢放气和快放气过程的波形图，然后找出特征点并得到收缩压、舒张压和平均压。

2．参照本章血压测量电路，选用其他型号压力传感器，自行设计一套血压测量系统，设计并测试验证电路板。

本 章 习 题

1．简述无创血压测量原理。
2．简述 MPX2053 和 MPS-3117 这两种传感器各自的特性。
3．在基准电压电路中，为什么在输出基准电压之前都要加一个电压跟随器？
4．简述在图 9-10 电路中晶体三极管开关电路的作用。

附录 A 医学电子学开发套件（LY-E501）使用说明

医学电子学开发套件（型号：LY-E501）用于采集人体五大生理参数（体温、血氧、呼吸、心电、血压）信号，并对这些信号进行处理，最终将处理后的数字信号通过 USB 连接线、蓝牙或 Wi-Fi 发送到不同的主机平台，如医疗电子单片机开发系统、医疗电子 FGPA 开发系统、医疗电子 DSP 开发系统、医疗电子嵌入式开发系统、emWin 软件平台、MFC 软件平台、WinForm 软件平台、MATLAB 软件平台和 Android 移动平台等，实现人体生理参数监测系统与各主机平台之间的交互。

医学电子学开发套件平台由 ARM 主机系统和体温电路板、血氧电路板、血压电路板、心电电路板、呼吸电路板等组成，医学电子学开发套件主机如图 A-1 所示。

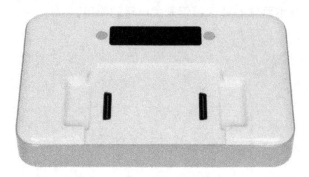

图 A-1 医学电子学开发套件主机

以下为医学电子学开发套件的配件。

（1）体温电路板如图 A-2 所示。

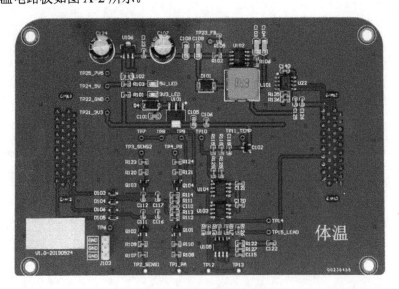

图 A-2 体温电路板

(2) 心电电路板如图 A-3 所示。

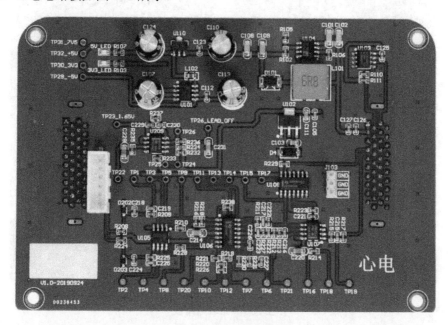

图 A-3　心电电路板

(3) 呼吸电路板如图 A-4 所示。

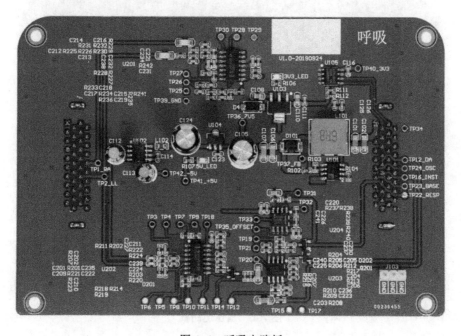

图 A-4　呼吸电路板

(4) 血氧电路板如图 A-5 所示。

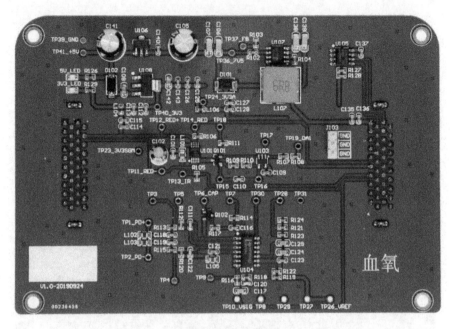

图 A-5　血氧电路板

（5）血压电路板如图 A-6 所示。

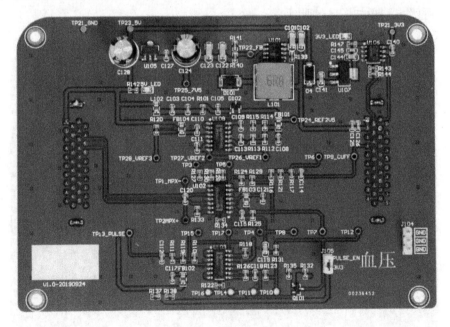

图 A-6　血压电路板

（6）体温探头如图 A-7 所示。

图 A-7　体温探头

（7）心电导联线如图 A-8 所示。

图 A-8　心电导联线

（8）血氧探头如图 A-9 所示。

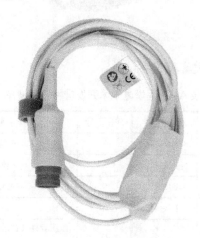

图 A-9　血氧探头

（9）血压套件（血压捏球、袖带、气管、血压表）如图 A-10 所示。

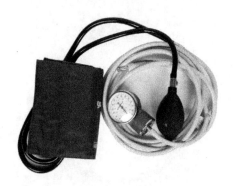

图 A-10　血压套件

（10）蓝牙 USB 主机如图 A-11 所示。

图 A-11　蓝牙 USB 主机

（11）B 型 USB 线如图 A-12 所示。

图 A-12　B 型 USB 线

表 A-1 为医学电子学开发套件设备清单。

表 A-1　医学电子学开发套件设备清单

序　号	名称及说明	数　量	序　号	名称及说明	数　量
1	体温电路板	1块/套	7	B 型 USB 线	1条/套
2	血压电路板	1块/套	8	体温探头	2件/套
3	血氧电路板	1块/套	9	心电导联线	1件/套
4	心电电路板	1块/套	10	血氧探头	1件/套
5	呼吸电路板	1块/套	11	血压套件（血压捏球、袖带、气管、血压表）	1件/套
6	蓝牙 USB 主机	1件/套			

表 A-2 为 R 值表。

表 A-2 R 值表

R 值	血氧饱和度	R 值	血氧饱和度
590<R≤640	99%	940<R≤970	88%
640<R≤680	98%	970<R≤1000	87%
680<R≤720	97%	1000<R≤1030	86%
720<R≤750	96%	1030<R≤1060	85%
750<R≤780	95%	1060<R≤1080	84%
780<R≤810	94%	1080<R≤1100	83%
810<R≤840	93%	1100<R≤1120	82%
840<R≤860	92%	1120<R≤1150	81%
860<R≤880	91%	1150<R≤1170	80%
880<R≤910	90%	1170<R≤1200	79%
910<R≤940	89%		

表 A-3 为体温探头阻值表。

表 A-3 体温探头阻值表

温度/℃	阻值/Ω	温度/℃	阻值/Ω	温度/℃	阻值/Ω	温度/℃	阻值/Ω	温度/℃	阻值/Ω	温度/℃	阻值/Ω
0.1	7355.0	8.5	4842.6	16.9	3256.0	25.3	2233.3	33.7	1559.1	42.1	1107.8
0.2	7317.5	8.6	4819.2	17.0	3241.1	25.4	2223.6	33.8	1552.6	42.2	1103.4
0.3	7280.3	8.7	4795.9	17.1	3226.2	25.5	2213.9	33.9	1546.2	42.3	1099.0
0.4	7243.3	8.8	4772.8	17.2	3211.4	25.6	2204.2	34.0	1539.7	42.4	1094.6
0.5	7206.4	8.9	4749.7	17.3	3196.7	25.7	2194.5	34.1	1533.3	42.5	1091.3
0.6	7169.8	9.0	4726.8	17.4	3182.0	25.8	2185.0	34.2	1527.0	42.6	1086.0
0.7	7133.4	9.1	4704.1	17.5	3167.5	25.9	2175.5	34.3	1520.6	42.7	1081.7
0.8	7097.2	9.2	4681.4	17.6	3153.0	26.0	2166.0	34.4	1514.3	42.8	1077.4
0.9	7061.2	9.3	4658.9	17.7	3138.5	26.1	2156.6	34.5	1508.0	42.9	1073.2
1.0	7025.5	9.4	4636.5	17.8	3124.2	26.2	2147.2	34.6	1501.8	43.0	1068.9
1.1	6989.9	9.5	4614.2	17.9	3109.9	26.3	2137.9	34.7	1495.6	43.1	1064.7
1.2	6954.5	9.6	4592.0	18.0	3095.7	26.4	2128.6	34.8	1489.4	43.2	1060.5
1.3	6919.3	9.7	4570.0	18.1	3081.6	26.5	2119.4	34.9	1483.2	43.3	1056.3
1.4	6884.3	9.8	4548.1	18.2	3067.6	26.6	2110.2	35.0	1477.1	43.4	1052.2
1.5	6849.6	9.9	4526.3	18.3	3053.6	26.7	2101.0	35.1	1471.0	43.5	1048.0
1.6	6815.0	10.0	4504.6	18.4	3039.7	26.8	2091.9	35.2	1464.9	43.6	1043.9
1.7	6780.6	10.1	4483.0	18.5	3025.9	26.9	2082.9	35.3	1458.9	43.7	1039.8
1.8	6746.4	10.2	4461.5	18.6	3012.1	27.0	2073.8	35.4	1452.9	43.8	1035.7

续表

温度/℃	阻值/Ω	温度/℃	阻值/Ω	温度/℃	阻值/Ω	温度/℃	阻值/Ω	温度/℃	阻值/Ω	温度/℃	阻值/Ω
1.9	6712.4	10.3	4440.2	18.7	2998.4	27.1	2064.9	35.5	1446.9	43.9	1031.6
2.0	6678.6	10.4	4418.9	18.8	2984.8	27.2	2055.9	35.6	1440.9	44.0	1027.6
2.1	6645.0	10.5	4397.8	18.9	2971.3	27.3	2047.0	35.7	1435.0	44.1	1023.5
2.2	6611.6	10.6	4376.8	19.0	2957.8	27.4	2038.2	35.8	1429.1	44.2	1019.5
2.3	6578.4	10.7	4355.9	19.1	2944.4	27.5	2029.4	35.9	1423.2	44.3	1015.5
2.4	6545.3	10.8	4335.1	19.2	2931.0	27.6	2020.6	36.0	1417.4	44.4	1011.6
2.5	6512.5	10.9	4314.4	19.3	2917.8	27.7	2011.9	36.1	1411.6	44.5	1007.6
2.6	6479.8	11.0	4293.9	19.4	2904.5	27.8	2003.3	36.2	1405.8	44.6	1003.7
2.7	6447.3	11.1	4273.4	19.5	2891.4	27.9	1994.6	36.3	1400.0	44.7	999.7
2.8	6415.0	11.2	4253.1	19.6	2878.3	28.0	1986.0	36.4	1394.3	44.8	995.8
2.9	6382.9	11.3	4232.8	19.7	2865.3	28.1	1977.5	36.5	1388.6	44.9	991.9
3.0	6350.9	11.4	4212.7	19.8	2852.4	28.2	1969.0	36.6	1382.9	45.0	988.1
3.1	6312.9	11.5	4192.7	19.9	2839.5	28.3	1960.5	36.7	1377.2	45.1	984.2
3.2	6287.6	11.6	4172.8	20.0	2826.7	28.4	1952.1	36.8	1371.6	45.2	980.4
3.3	6256.2	11.7	4153.0	20.1	2814.0	28.5	1943.7	36.9	1366.0	45.3	976.5
3.4	6224.9	11.8	4133.3	20.2	2801.3	28.6	1935.4	37.0	1360.4	45.4	972.7
3.5	6193.9	11.9	4113.7	20.3	2788.7	28.7	1927.1	37.1	1354.9	45.5	968.9
3.6	6163.0	12.0	4094.2	20.4	2776.2	28.8	1918.8	37.2	1349.4	45.6	965.2
3.7	6132.3	12.1	4074.8	20.5	2763.7	28.9	1910.6	37.3	1343.9	45.7	961.4
3.8	6101.8	12.2	4055.5	20.6	2751.3	29.0	1902.4	37.4	1338.4	45.8	957.7
3.9	6071.4	12.3	4036.4	20.7	2739.0	29.1	1894.3	37.5	1333.0	45.9	954.0
4.0	6041.2	12.4	4017.3	20.8	2726.7	29.2	1886.2	37.6	1327.6	46.0	950.3
4.1	6011.2	12.5	3998.3	20.9	2714.5	29.3	1878.1	37.7	1322.2	46.1	946.6
4.2	5981.3	12.6	3979.5	21.0	2702.3	29.4	1870.1	37.8	1316.8	46.2	942.9
4.3	5951.6	12.7	3960.7	21.1	2690.2	29.5	1862.1	37.9	1311.4	46.3	939.3
4.4	5922.1	12.8	3942.0	21.2	2678.2	29.6	1854.2	38.0	1306.1	46.4	935.6
4.5	5892.8	12.9	3923.5	21.3	2666.2	29.7	1846.3	38.1	1300.8	46.5	932.0
4.6	5863.6	13.0	3905.0	21.4	2654.3	29.8	1838.4	38.2	1295.6	46.6	928.4
4.7	5834.5	13.1	3886.6	21.5	2642.5	29.9	1830.6	38.3	1290.3	46.7	924.8
4.8	5805.7	13.2	3868.3	21.6	2630.7	30.0	1822.8	38.4	1285.1	46.8	921.2
4.9	5776.9	13.3	3850.2	21.7	2618.9	30.1	1815.0	38.5	1279.9	46.9	917.7
5.0	5748.4	13.4	3832.1	21.8	2607.3	30.2	1807.3	38.6	1274.7	47.0	914.1
5.1	5720.0	13.5	3814.1	21.9	2595.7	30.3	1799.6	38.7	1269.6	47.1	910.6
5.2	5691.8	13.6	3796.2	22.0	2584.1	30.4	1791.9	38.8	1264.5	47.2	907.1

续表

温度/℃	阻值/Ω	温度/℃	阻值/Ω	温度/℃	阻值/Ω	温度/℃	阻值/Ω	温度/℃	阻值/Ω	温度/℃	阻值/Ω
5.3	5663.7	13.7	3778.4	22.1	2572.6	30.5	1784.3	38.9	1259.4	47.3	903.6
5.4	5635.8	13.8	3760.7	22.2	2561.1	30.6	1776.7	39.0	1254.3	47.4	900.1
5.5	5608.0	13.9	3743.1	22.3	2549.8	30.7	1769.2	39.1	1249.2	47.5	896.6
5.6	5580.4	14.0	3725.6	22.4	2538.4	30.8	1761.7	39.2	1244.2	47.6	893.2
5.7	5552.9	14.1	3708.2	22.5	2527.2	30.9	1754.2	39.3	1239.2	47.7	889.8
5.8	5525.6	14.2	3690.9	22.6	2515.9	31.0	1746.8	39.4	1234.2	47.8	886.3
5.9	5498.5	14.3	3673.6	22.7	2504.8	31.1	1739.4	39.5	1229.3	47.9	882.9
6.0	5471.5	14.4	3656.5	22.8	2493.7	31.2	1732.0	39.6	1224.3	48.0	879.5
6.1	5444.6	14.5	3639.4	22.9	2483.6	31.3	1724.7	39.7	1219.4	48.1	876.2
6.2	5417.9	14.6	3622.5	23.0	2471.6	31.4	1717.4	39.8	1214.5	48.2	872.8
6.3	5391.3	14.7	3605.6	23.1	2460.7	31.5	1710.1	39.9	1209.7	48.3	869.5
6.4	5364.9	14.8	3588.8	23.2	2449.8	31.6	1702.9	40.0	1204.8	48.4	866.1
6.5	5338.7	14.9	3572.1	23.3	2439.0	31.7	1695.7	40.1	1200.0	48.5	862.8
6.6	5312.5	15.0	3555.5	23.4	2428.2	31.8	1688.6	40.2	1195.2	48.6	859.5
6.7	5286.6	15.1	3539.0	23.5	2417.5	31.9	1681.5	40.3	1190.4	48.7	856.2
6.8	5260.7	15.2	3522.6	23.6	2406.8	32.0	1674.4	40.4	1185.6	48.8	853.0
6.9	5235.0	15.3	3506.2	23.7	2396.2	32.1	1667.3	40.5	1180.9	48.9	849.7
7.0	5209.5	15.4	3490.0	23.8	2385.6	32.2	1660.3	40.6	1176.1	49.0	846.5
7.1	5184.1	15.5	3473.8	23.9	2375.1	32.3	1653.3	40.7	1171.4	49.1	843.2
7.2	5158.8	15.6	3457.7	24.0	2364.7	32.4	1646.4	40.8	1166.8	49.2	840.0
7.3	5133.7	15.7	3441.7	24.1	2354.3	32.5	1639.5	40.9	1162.1	49.3	836.8
7.4	5108.7	15.8	3425.8	24.2	2343.9	32.6	1632.6	41.0	1157.4	49.4	833.6
7.5	5083.8	15.9	3409.9	24.3	2333.6	32.7	1625.8	41.1	1152.8	49.5	830.5
7.6	5059.1	16.0	3394.2	24.4	2323.4	32.8	1619.0	41.2	1148.2	49.6	827.3
7.7	5034.5	16.1	3378.5	24.5	2313.2	32.9	1612.2	41.3	1143.6	49.7	824.1
7.8	5010.0	16.2	3362.9	24.6	2303.0	33.0	1605.4	41.4	1139.1	49.8	821.0
7.9	4985.7	16.3	3347.4	24.7	2292.9	33.1	1598.7	41.5	1134.6	49.9	817.9
8.0	4961.5	16.4	3332.0	24.8	2282.9	33.2	1592.0	41.6	1130.0	50.0	814.8
8.1	4937.5	16.5	3316.6	24.9	2272.9	33.3	1585.4	41.7	1125.5	50.1	811.3
8.2	4913.6	16.6	3301.3	25.0	2262.9	33.4	1578.8	41.8	1121.1	50.2	807.0
8.3	4889.8	16.7	3286.2	25.1	2253.0	33.5	1572.2	41.9	1116.6		
8.4	4866.1	16.8	3271.0	25.2	2243.1	33.6	1565.6	42.0	1112.2		

参 考 文 献

[1] 余学飞,叶继伦. 现代医学电子仪器原理与设计. 4版. 广州：华南理工大学出版社，2018.
[2] 李刚. 生物医学工程实验电子工程方向. 北京：人民卫生出版社，2019.
[3] 贺忠海. 医学电子仪器设计. 北京：机械工业出版社，2014.
[4] 李刚，林凌. 生物医学电子学. 北京：北京航空航天大学出版社，2014.
[5] 陈仲本. 医学电子学基础. 北京：人民卫生出版社，2010.
[6] 陈仲本. 医学电子学基础学习指导. 北京：人民卫生出版社，2010.
[7] 永远，常向荣，韩奎. 生物医学电子学——医疗诊断. 北京：科学出版社，2014.
[8] 童诗白，华成英. 模拟电子技术基础. 5版. 北京：高等教育出版社，2014.
[9] 邱关源. 电路. 5版. 北京：高等教育出版社，2006.
[10] 王成. 医疗仪器原理. 上海：上海交通大学出版社，2008.
[11] 鲁雯，郭明霞，王晨光，周英君. 医学电子学基础. 北京：人民卫生出版社，2016.
[12] 朱定华. 电子电路实验与课程设计. 北京：清华大学出版社，2009.
[13] 周开邻，王彩君，杨睿. 模拟电路实验. 北京：国防工业出版社，2009.
[14] 王鲁云，于海霞. 模拟电路实验综合教程. 北京：清华大学出版社，2017.
[15] 武林. 电子电路基础实验与课程设计. 北京：北京大学出版社，2013.
[16] 钱培怡，任斌. 电路与电子基础实验教程. 北京：中国石化出版社，2017.
[17] 胡体玲，张显飞，胡仲邦. 线性电子电路实验. 2版. 北京：电子工业出版社，2014.
[18] 朱力恒. 电子技术仿真实验教程. 北京：电子工业出版社，2003.
[19] 方建中. 电子线路综合实验. 杭州：浙江大学出版社，2007.
[20] 葛汝明. 电子线路实验与课程设计. 济南：山东大学出版社，2006.
[21] 梅开乡，梅军进. 电子电路实验. 北京：北京理工大学出版社，2010.
[22] 于蕾. 模拟电子技术设计与实践教程. 哈尔滨：哈尔滨工程大学出版社，2014.
[23] 邢冰冰，宋伟，蒋惠萍. 电路电子技术实验教程. 北京：中国铁道出版社，2016.
[24] 杨飒，张辉，樊亚妮. 电路与电子线路实验教程. 北京：清华大学出版社，2018.
[25] 张娜. 模拟电子技术仿真与实验实训教程. 北京：北京理工大学出版社，2014.
[26] 路勇. 电子电路实验及仿真. 北京：清华大学出版社，北方交通大学出版社，2004.
[27] 张令通. 电子电路实验教程. 北京：北京理工大学出版社，2013.
[28] 周鸣籁. 模拟电子线路实验教程. 苏州：苏州大学出版社，2017.
[29] 周润景，邢婧. 医用电子电路设计及应用. 北京：电子工业出版社，2017.

反侵权盗版声明

电子工业出版社依法对本作品享有专有出版权。任何未经权利人书面许可，复制、销售或通过信息网络传播本作品的行为，歪曲、篡改、剽窃本作品的行为，均违反《中华人民共和国著作权法》，其行为人应承担相应的民事责任和行政责任，构成犯罪的，将被依法追究刑事责任。

为了维护市场秩序，保护权利人的合法权益，我社将依法查处和打击侵权盗版的单位和个人。欢迎社会各界人士积极举报侵权盗版行为，本社将奖励举报有功人员，并保证举报人的信息不被泄露。

举报电话：（010）88254396；（010）88258888
传　　真：（010）88254397
E-mail：　dbqq@phei.com.cn
通信地址：北京市海淀区万寿路 173 信箱
　　　　　电子工业出版社总编办公室
邮　　编：100036